本书是国家社科基金项目教育学一般课题"中小学非正式学习空间的设计研究"(BHA170122)的主要成果,同时是浙江大学教育学院、浙江省校园规划建设协同创新中心的重要研究成果。

DESIGN OF
INFORMAL
LEARNING SPACES

非正式学习空间的设计

邵兴江◎著

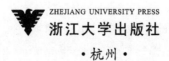
ZHEJIANG UNIVERSITY PRESS
浙江大学出版社
·杭州·

图书在版编目(CIP)数据

非正式学习空间的设计/邵兴江著. —杭州:浙
江大学出版社,2023.8(2024.7重印)
ISBN 978-7-3048-24216-5

Ⅰ.①非… Ⅱ.①邵… Ⅲ.①学校－建筑设计 Ⅳ.
①TU244

中国国家版本馆 CIP 数据核字(2023)第 178695 号

非正式学习空间的设计
FEIZHENGSHI XUEXI KONGJIAN DE SHEJI
邵兴江　著

责任编辑	陈佩钰	
文字编辑	葛　超	
责任校对	许艺涛	
封面设计	雷建军	
出版发行	浙江大学出版社	
	(杭州市天目山路 148 号　邮政编码 310007)	
	(网址:http://www.zjupress.com)	
排　　版	浙江大千时代文化传媒有限公司	
印　　刷	广东虎彩云印刷有限公司绍兴分公司	
开　　本	787mm×1092mm　1/16	
印　　张	20	
字　　数	238 千	
版 印 次	2023 年 8 月第 1 版　2024 年 7 月第 2 次印刷	
书　　号	ISBN 978-7-308-24216-5	
定　　价	98.00 元	

浙江大学出版社市场运营中心联系方式　(0571)88925591;http://zjdxcbs.tmall.com

序

　　学习并非只有在教室的正式学习。在人类豪迈的进化史上，学与教是人类智慧化的关键因素，大量育人活动以非正式学习的方式展开。进入近代，以夸美纽斯为代表的教育家，将人类的学习带入"班级授课制"时代，不仅大规模推进了人才的批量化培养，同时也将大量学习活动"窄化"为基于课堂的正式学习，课堂甚至被"异化"为学校育人活动的全部。

　　事实上，课堂外的非正式学习同样是学生成长的重要维度。不少学者认为非正式学习对个体所学知识的贡献度可达70％以上，我们且不论该贡献比例的准确性，但不得不承认的是课堂外非正式学习所具有的自主性、情景性、建构性、体验性等特征及其价值，正日益对师生焕发出强大的魅力。换言之，校园缺乏非正式学习空间，正成为当代中国各级学校的突出短板。

　　非正式学习空间的内涵十分丰富。它是学习者依据自我需求和学态，可开展自主探索、个性化、沉浸式学习的场所空间，其学习形态具有成员开放、时间灵活、内容自主、方式自由、过程非结构化等特点，其空间形态可以是开放、半开放或封闭的空间。曾几何时，校园中的门厅、走廊、架空层、广场、运动场、图书馆、食堂、树林、草地等区域，我们常常只把它们视为交通空间、运动空间或后勤空间，并按照这样的功能定位对其进行规划设计。实际上，它们都具有很大的成为非正式学习空间的可能性。需要澄清的是，非正式学习空间并非正式学习空间的"有力补充"，而是校园物理学习空间的"半壁江山"，是未来学校"全学习生态链"的核心支柱之一，具有举足轻重的地位。

然而，当代校长普遍缺乏建设非正式学习空间的意识。学校育人普遍没有跨越"课堂为王"的藩篱，绝大部分校园的建设聚焦课堂与正式学习。很多校长仍以"决战课堂"为主阵地，不少校长以动辄每间上百万元巨资打造的"豪华教室"为品宣亮点，而非正式学习空间很难进入他们的"法眼"。甚至不少校长从未听闻过非正式学习，更勿提如何建设非正式学习空间。概言之，既缺乏对非正式学习空间重要性的深度认识，也缺乏如何高品质推进非正式学习空间建设的理念与思路。

因此，需要吹响大力建设非正式学习空间的号角。要深入认识非正式学习空间边界模糊性、功能复合性、布局灵活性、使用主体开放性、使用时间可变性等特点，灵活建设校园非正式学习空间，可通过项目化学习空间等新型学习空间的适量引入、既有正式学习空间的非正式学习功能的兼容拓展、门厅走廊等公共空间非正式学习功能的增能提质、庭院广场等景观空间非正式学习功能的有意挖掘等多元途径展开建设，大幅度提升此类空间的开放性、多目的性、品质性与易达性设计，构建复合型的新型校园学习生态链。特别是新校园建设，要加强非正式学习空间"泛在化"布局的整体统筹与合理设计，发挥不同区域空间的非正式育人价值。当然，各级政府和学校也要加强对非正式学习空间建设在立项与资金配套方面的倾斜投入，引导各校加强此类空间的高品质设计，共同为师生建设优质的非正式学习空间。

可以相信,非正式学习空间正成为中国教育转型升级的重大领域,是新时代教育新征程的大有可为之处,是师生美好教育生活的重要支撑。

邵兴江

2022 年 2 月

目 录

第一章

绪 论

近年来,来自学习科学理论、现代信息技术和社会发展水平的三种力量,有力推动着学习空间建设领域的快速发展。一是学习科学对"学习"的认识发生重大范式转型。脑科学、学习心理学、认知神经科学等学科的蓬勃发展,特别是建构主义及相关理论的成熟,使人们更清晰地认识到"学习"是意义建构的过程,而不是知识传输的过程;学习理论更关注意义建构过程的社会本质;意义建构与学习情境及空间密切相关。[①] 对"人是如何学习的"有了更为科学的认识,更为强调设计以学习者为中心的学习环境。[②] 二是现代信息技术的发展引发教育的深刻变革。以互联网、大数据、云计算、虚拟现实、人工智能等为代表的新一代信息技术迅猛发展,对教育产生重大甚至颠覆性影响[③];催生了学习者新的学习方式,并将改变传统的物理学习生态系统[④];推动构建智慧学习环境和智慧教育管理,催生深度学习、无边界学习等新学习方式[⑤],促进学校、课堂与学习的数字化转型。三是社会发展水平提升带来教

---

① Jonassen,D.& Land,S. Theoretical Foundations of Learning Environments[M]. New York: Routledge, 2012: viii.

② 布兰思福特,等.人是如何学习的[M].程可拉,等译.上海:华东师范大学出版社,2013:118.

③ 李葆萍,杨博.未来学校学习空间[M].北京:电子工业出版社,2022:2.

④ Beckers,R., van der Voordt,T. & Dewulf,G. A Conceptual Framework to Identify Spatial Implications of New Ways of Learning in Higher Education[J]. Facilities,2015,33(1):2-19.

⑤ 曹培杰.智慧教育:人工智能时代的教育变革[J].教育研究,2018(8):121-128.

育新追求。当今中国社会已迈入新时代,2021 年人均 GDP 突破 1 万美元大关,正加快拥抱工业 4.0 时代,努力向中等发达经济体迈进。人民对 4.0 时代的教育更好更公平抱有期待,包括提升学习空间在内的教育高质量发展已成为改革核心任务。

教育机构的学习空间建设,要重视被高度忽视的非正式学习空间。对"学习"认知的转变需要重新反思校园非正式学习空间。学习不仅发生在教室,而且发生在由正式与非正式学习空间共同构建的校园"学习空间连续体"中。[①] 当前非正式学习空间在学校校园中普遍存在"缺位"的情况,它是各级学校中需着力新增的新型学习空间,应加大引入、拓展与兼容建设力度。[②] 在从教向学转型发展中,非正式学习空间应成为积极拓展的重点。[③]总之,推进学校师生的学习更泛在,需要大力构筑校园非正式学习空间。[④]

第一节　亟须重视学校非正式学习空间建设

非正式学习是人类重要的学习方式,经历了漫长的演变。它在早期学校中"普遍存在",在近千年"逐渐衰退",近百年在中国"基本消失",在当代再次成了建设重点。非正式学习空间对师生的发展具有重要且不可或缺的作用。

[①]　陈向东,等.从课堂到草坪——校园学习空间连续体的建构[J].中国电化教育,2010(11):1-6.
[②]　邵兴江,张佳.中小学新型学习空间:非正式学习空间的建设维度与方法[J].教育发展研究,2020(10):66-72.
[③]　常晟,欧阳广敏.从教到学:学习空间的教育意涵及其建构路径[J].教育科学,2022(3):60-66.
[④]　邵兴江.让学习更泛在:大力构筑校园非正式学习空间[J].福建教育,2021(4):1.

一、被忘却的学校非正式学习空间

非正式学习不是近现代才产生的新学习方式。确切地说它的历史十分悠久，是人类自身进化过程中极为重要的学习方式。尽管作为重要学术概念的非正式学习（informal learning），直到 20 世纪 50 年代才由美国成人教育之父马尔科姆·诺尔斯（Malcolm Knowles）在其著作《成人的非正式教育》中正式提出，后被全球学界广泛接受，但作为事实存在的非正式学习，始终伴随人类发展。在正式学校教育产生之前，早期人类的生产生活技能，主要通过自然情景中相互之间的观察、交流、指导等形式获得，学习的主体、内容、时间、方式和结果等具有不确定性，早期人类学习具有情境性、偶发性和非线性等特征。可以说，非正式学习是早期人类主要乃至唯一的学习方式，具有比学校教育更为悠久的历史。非正式学习空间伴随人类教育发展经历了漫长演变。

第一，在古代学校中普遍存在非正式学习空间。当人类文明进入"轴心时代"，在中国、古希腊等地区，出现了一批正式建制的学校，如东序、稷下学宫、太学、阿卡德米学园、吕克昂学园等。当时的教育规模较小，诵读、辩论、对话、演讲等是教育的主要形式。受制于建筑建造技术，并为充分利用自然光、自然通风等有利因素，常选址环境优雅、安静之处营建房舍，并普遍重视拱廊、庭院、广场、亭台等空间的营造。不论是后世考古发现还是维特鲁威《建筑十书》等经典文献记载，早期校园都重视为非正式学习提供良好的空间条件，大量的学习发生在公共场所的林荫道，寺庙的拱廊、杏坛或周游列国的路途中，其中如柏拉图在学园拱廊的启发教学、孔子的杏坛讲学，成了人类教育史上的丰碑。

第二，近千年来非正式学习空间在学校中逐渐衰退。伴随人类知识日益向主题化乃至学科化的方向演进，教育的内容出现了诸多"确定化"的倾向，不少经受历史"洗礼"的学习内容成为人们进行下一代教育的精华。比较典型的如中国科举制下的古代教育，"四书五经"逐步成为教育的核心内容，讲堂成为核心教学空间。在西方，尤其是近代工业革命后教育的普及化发展，规模化与效率主义兴起，夸美纽斯在《大教学论》中所提的"班级授课制"思想①，以及赫尔巴特在《普通教育学》中所论述的"科学教育"思想，大幅推动师生的学习全面走向教室和实验室（如图 1-1 所示），以普通教室为代表的正式学习空间地位不断上升，并逐渐影响全球各国的校园，最终占据主流，而校园中的非正式学习空间则被大幅弱化。

图 1-1 18 世纪早期英国的班级授课制教室

来源：Birchenough，C. History of Elementary Education in England and Wales from 1800 to the Present Day[M]. London：University Tutorial Press，1914：216.

---

① 班级授课制模式具有典型的四个"同样"特征，即师生在同样的教学时间，学习同样的教学内容，实施同样的教学过程，并期待达到同样的教学结果。该模式满足了工业化时代的人才批量培养需要，但在学习的个性化需求和创新型人才培养方面却有明显不足。

第三，百余年来非正式学习空间在中国学校中日益消失。1862 年，清政府在北京创办了京师同文馆，它是中国引入班级授课制的开端。此后，中国开始了持续引入与创办各类新式学堂的近代化历程。[①] 1906 年，清政府最终废除延续了 1300 余年的科举制，并推进从旧式教育到新式教育的转变。在这一历程中，与"班级授课制"同步引入的是在学校中规划了大量正式学习空间，诸如普通教室、实验室等。在几乎整个 20 世纪，受制于新式学堂样板的传承、坚守班级授课制理念和建设经费不充裕等因素，中国绝大部分学校很少甚至不规划非正式学习空间，以至于时至今日"一线教育实践者"普遍认为教室内的"课堂是教育的主阵地"，极大忽视了教室外空间对学生成长的重要作用。在大部分学校，"狭长笔直走廊加教室"成了学校空间的"标配"，甚至原本具备开展大量非正式学习条件的图书馆，也"退化"为藏书室。可以说，我国学校的非正式学习空间因"认知不足"而被大力扼杀了，日益被挤压与边缘化。

第四，二战后主要国家学校不断加强非正式学习空间的建设。二战后，美、英、法等国家，开始持续反思学校育人理念与办学模式，反思"班级授课制"的优点与不足，开始超越"班级授课制"模式而变革教学，非正式学习空间的比重不断提高，再度兴起。在战后早期，主要重视户外与动手空间的建设如实验室、工作坊等空间，从 20 世纪 70 年代开始大力推进"开放式学校"（open-plan school）的建设。[②] 进入 21 世纪以来，美国的"学校建筑规划运动"、英国的"为未来建设学校计划"等改革探索，在学习空间中不断引入创新的设计理念，非正式学习空间因其对学习的灵活性、适用性与个性化表达，受

---

① 邵兴江，张佳.非正式学习空间：学校创新规划与设计的新重点[J].上海教育，2018(19)：53-54.
② Fisher，K. The Translational Design of Schools：An Evidence-Based Approach to Aligning Pedagogy and Learning Environments[M].Rotterdam：Sense Publishers，2016：159-160.

到了主要发达国家学校的积极欢迎。[①] 非正式学习空间的生均建筑面积和品质有了较大提升,空间类型及配套学习资源更为丰富。

纵观全球非正式学习空间的演变简史,中国学校非正式学习空间的"缺位",已成为当代我国教育基础设施建设的重大短板。不仅缺乏对非正式学习空间重要性的理论认知,也缺乏如何开展非正式学习空间设计的理论研究。如何让非正式学习空间在中国学校中从"基本消失"到未来成为"空间主配",相关理论研究与实践应用的任务都十分艰巨。

二、非正式学习空间具有重要价值

非正式学习日益引起全球的高度重视,已成为国际学习科学领域的三大核心研究领域之一。[②] 进入 20 世纪 90 年代后,人们对非正式学习的兴趣迅猛提升,并坚信在 21 世纪的数字化时代,非正式学习能发挥更加显著且积极的作用。[③] 人们深刻认识到非正式学习的重要价值,并重视推进非正式学习空间的建设。

(一)充分认识非正式学习的价值

非正式学习对工作场合中人的能力发展作用突出。随着对"学习"研究的深入,人们发现通过非正式学习获取的知识比想象中要多得多。1996 年,美国劳工部《正式与非正式培训:来自 NLSY 的证据》的报告中指出,人们学

---

① Vadeboncoeur,J. A. Engaging Young People:Learning in Informal Contexts[J]. Review of Research in Education,2006,30(1):239-278.

② 在国际学习科学的研究中,另两个重要研究方向是领域特定知识的学习和学习的认知神经机制。

③ Park,K.,Li,H. & Luo,N. Key Issues on Informal Learning in the 21st Century:A Text Mining-Based Literature Review[J]. International Journal of Emerging Technologies in Learning,2021,16(17):4-18.

到的关于他们工作的知识,有 70% 是通过非正式学习获得的。[①] 由此,在培训行业中人们开始有了"70∶20∶10 规则"的说法,其中 20% 为指导和其他专业化发展学习,10% 则为正规教育或课堂的正式学习。有研究认为,人们在工作环境中学习的知识和技能,不仅仅来自有组织的学习项目,也发生在实践环境中,通常在不知不觉中或不适合正式学习的情况下发生非正式学习;或许这些学习不是活动的主要目的,但在具体工作情境中发生了"事实性"的伴随学习,此类学习大部分没有学习计划,确切地说大部分是偶然发生的,但它重视问题解决与能力发展,如向更高技能的人观摩学习,通过与他人互动或自发开展某种学习,在一定意义上它是一种比正式学习更重要、更有效甚至更优越的学习方式。[②] 不少研究都认为非正式学习广泛存在,它在个体所学知识中的贡献占到 75% 以上。[③] 甚至有学者认为,该比例还应更高,在人一生中估计高达 70%—90% 的学习是非正式学习。[④] 人们认为学习存在一个"冰山模型",可见的学习只是上面的一部分,看不见的学习不仅占比更大,而且影响也更大;在正式学习和非正规学习中也有一部分是非正式学习,位于冰山之下;各类学习的冰山模型关系,如图 1-2 所示[⑤]。纵观世界,近几十年来,劳动力市场经历巨大经济、社会和文化变化,对工作者的能力要求变得更高,如果工作者持续开展正式与非正式相交织的学习,那么他们就可

① Loewenstein, M. & Spletzer, J. R. Formal and Informal Training: Evidence from the NLSY[R]. U. S. Department of Labor, Research in Labor Economics, 1999, 18: 402-438.

② Manuti, A., et al. Formal and Informal Learning in the Workplace: A Research Review [J]. International Journal of Training and Development, 2015, 19(1): 1-17.

③ 余胜泉,毛芳. 非正式学习——e-Learning 研究与实践的新领域[J]. 电化教育研究, 2005(10): 19-24; Enos, M. D., Kehrhahn, M. T. & Bell, A. Informal Learning and the Transfer of Learning: How Managers Develop Proficiency[J]. Human Resource Development Quarterly, 2003, 14(4): 369-387.

④ Merriam, S. B. & Bierema, L. L. Adult Learning: Linking Theory and Practice[M]. San Francisco, CA: Josseybass, 2006: 76.

⑤ Rogers, A. The Base of the Iceberg: Informal Learning and Its Impact on Formal and Non-formal Learning[M]. Toronto: Verlag Barbara Budrich, 2014: 22.

以更好适应外部世界的变迁需要,更具有工作竞争力。

　　非正式学习对学生的发展具有重要意义。学生的学习不仅仅发生在课堂,而且发生在校园不同环境中,如教室、礼堂、图书馆、表演室等,正式和非正式学习混合发生。[①] 当代学习科学的研究进展日益清晰地显示,非正式学习对于学生主动与自我导向的真实性学习、浸润性学习、非结构化学习等,具有重要的价值与意义。[②] 从比较分析的角度,在校园空间中的正式学习与非正式学习呈现显著的学习差异。相对而言,在时间安排、主要场所、学习模式、师生角色、学习组织、学习内容、学习资源等指标上,非正式学习为师生的教与学方式提供了不少新的思路。和正式学习相比,非正式学习更具有情境性、交互性、探索性,更接近面向真实世界的问题解决,突出了学生学习的主动性与探索性,信息来源更具丰富性与情景性,为学生依据自身的需要与学习兴趣开展沉浸式学习提供了更好的可能,因此也更具有长期的育人价值,如表 1-1 所示。

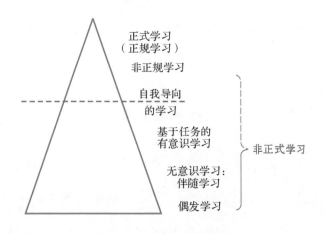

图 1-2　学习的冰山模型

① King,W. R. IS and the Learning Organization[J]. Information Systems Management,1996,13(3):78-80.
② 邵兴江,张佳.非正式学习空间:学校创新规划与设计的新重点[J].上海教育,2018(19):53-54.

表 1-1　非正式学习与正式学习的比较

指　标	正式学习	非正式学习
时间安排	时间相对固定	时间弹性
主要场所	教室、实验室	场所无限制
学习模式	知识传递	知识建构
师生角色	教师主导	学习者主导
学习组织	班级授课制	个体自主、社会交往学习
学习内容	教师事先计划,内容明确	自由选择
学习资源	较为单一,以书本知识为主	多元化,来源于网络、他人等
学习效果	标准化评价	自主评价
长期价值	重要	更为重要

来源:周嘉颖.演进与再构:大学非正式学习空间的设计研究[D].杭州:浙江大学,2018:15.

总而言之,学校中的非正式学习,推动了当代教育从"知识传授"向"能力建构"转型,为学生提供了在教室之外的学习空间,允许学生依据学习主题和个体倾向自主选择合适的学习方式,让学习更具张力、浸润性与吸引力,对学生的能力培养与兴趣发展等具有显著的意义。

(二)非正式学习空间对师生发展具有重要价值

学习空间对学生的成长具有重要教育价值。瑞吉欧教育理念的创始人洛利斯·马拉古兹(Loris Malaguzzi)早已开创性地提出学习环境是"第三位老师",认为为青少年设计良好的学习空间与更好的学习成果之间存在相关性。[①] 作为教育活动的主要场所,学校空间是保障教育活动正常开展的必要

---

① Hudson,M. & White,T. Planning Learning Spaces:A Practical Guide for Architects,Designers,School Leaders[M].London:Laurence King Publishing,2019:7.

条件,在促进学校效能的提高方面起着不可替代的作用。^① 校园空间是学习的地方,影响师生的行为与思考方式。^② 来自心理学视角的研究发现,学习空间是重要的影响因子,不仅可通过情绪幸福感、空间安全感等一般结构特征影响学习意愿,还可通过视觉感知、听觉感知、理解和反思等特定结构特征影响认知过程。^③ 毋庸置疑,当代学校的校园空间已不再纯粹是师生"遮风挡雨"的物理空间,它作为教与学活动开展的重要资源要素,正发挥着日益重要的环境育人作用。

近年来,有众多实证研究进一步证实非正式学习空间对学生的重要作用。有研究发现非正式学习空间为学生提供了传统空间之外的重要学习机会,已经是学校教育不可或缺的一部分。^④ 学校中非正式学习空间日趋普遍,它在丰富学生学习体验方面发挥着重要的作用,是学校空间建设的重要领域。^⑤ 非正式学习空间具有多方面的功能,不仅可以促进学生之间的社交联系和创造性合作,成为校园内的"第三空间",为师生提供非正式学习和放松空间,还有一个非常重要且被广泛认可的功能是它们可以作为感官景观,即由空间所产生的声音、灯光和视觉图像等因素,让学生产生有意义的多感官学习体验,帮助营造积极的学习氛围。^⑥ 有研究也同样发现,教室之外的公共空间是师生非正式学习发生的重要场地,例如可以把走廊塑造为活跃、活泼

---

① 邵兴江.学校建筑:教育意蕴与文化价值[M].北京:教育科学出版社,2012:1.

② Imms,W. & Kvan,T. Teacher Transition into Innovative Learning Environments[M].Singapore:Springer,2020:5.

③ Arndt,P.A. Design of Learning Spaces:Emotional and Cognitive Effects of Learning Environments in Relation to Child Development[J].Mind,Brain and Education,2012,6(1):41-48.

④ Martin,L.M. An Emerging Research Framework for Studying Informal Learning and Schools[J].Science Education,2004,88(1):71-82.

⑤ Wu,X.,Kou,Z.,Oldfield,P.,et al. Informal Learning Spaces in Higher Education:Student Preferences and Activities[J].Buildings,2021,252(11):1-25.

⑥ Berman,N. A Critical Examination of Informal Learning Spaces[J].Higher Education Research & Development,2020,39(1):127-140.

和具有吸引力的学习空间,因此未来公共空间的设计应扩展非正式学习相关的空间功能。① 在非正式学习空间发生的学习活动,往往允许学生选择自己感兴趣的内容,并在好奇心和兴趣驱使下更加投入地参与学习,而家长和老师在其中提供指导和帮助,可人为提升或扩展特定体验,在带来学生知识提高的同时,也引导他们在一些不太显性领域的发展,如自我调节、动机和创造力等,最终有利于提升学生自主学习的成效。② 我国近年来日益重视非正式学习空间,2018 年 11 月,中国教育科学研究院发布了《中国未来学校 2.0 概念框架》,明确提出要"创建面向未来的学习空间",要"通过开展教室布局创新、非正式学习区、绿色学校建筑等方面的实践探索,扩展学校的公共空间,提升社会情感能力,促进学生的全面发展"。③ 客观地说,学校非正式学习空间的增加,也是教育科学自身研究进展的内在要求。伴随学习"由教向学"的范式转型,学生真实学习能力的培养得到更多重视,更多自主合作学习逐步替代传统灌输式教学。由此校园中自主、独立、主动学习特别是合作学习的空间需求大为增加,具有个别化、小组、研讨或其他学习功能的非正式学习空间,很好响应了教育理论的变化,体现了教育发展的大趋势。

非正式学习空间对教师的专业发展同样作用突出。本课题对上海两所学校展开了为期一个月的深入田野研究,通过访谈、观察记录和视频拍摄等多种研究方法,发现非正式学习对教师专业成长具有不可替代的重要作用,教师在会议室、微格教室、图书馆等非正式空间中经常进行交流,不断碰撞沟通形成的创新想法,在组织维度上促进了教师专业学习社群的形成,在个体

---

① Herold,G. A. Schoolscapes Learning Between Classrooms[D]. Winnipeg: University of Manitoba,2012.

② Weisberg,D. S., Hirsh-pasek, K. & Golinkoff, R. M. Guided Play: Where Curricular GoalsMeet a Playful Pedagogy[J]. Mind, Brain and Education,2013,7(2):104-112.

③ 中国教育科学研究院未来学校实验室.中国未来学校 2.0:概念框架[R].北京:中国教育科学研究院,2018-11-10.

维度上促进了参与教师特别是新教师的专业化成长,在学校的优质教学维度上奠定了人力资源基础。[①] 有研究也发现,中小学教师的专业化发展和教学质量提高,与他们在工作场合中的非正式学习息息相关,重视中小学教师非正式学习的环境构建,特别是学习共同体和学校文化的构建,能促进教师更好地成长。[②] 概括而言,非正式学习空间为教师的非正式学习提供了相互交流、激发与共享的"第三空间",促进了校园中互学互帮互助教研文化的形成。

综上所述,要吹响大力建设非正式学习空间的号角。广大学校已充分认识到包含非正式学习空间在内的校园空间,是一所学校优质办学的重要基础设施;学校不仅仅是学习的地方,也是师生从事社交、运动、生活、闲暇、游戏等活动的重要场所。从空间建设情况看,各种类型的非正式学习空间日益增加,从某个侧面也代表了人们对师生学习活动多样化的积极认可。各级政府和学校也要加大非正式学习空间的建设力度,在立项与资金配套方面给予倾斜投入,共同为师生建设具有吸引力的非正式学习空间。总而言之,非正式学习空间得到了各级学校的积极认可,并日益成为校园空间的重要组成部分。

第二节 非正式学习空间及其设计的内涵

非正式学习空间的设计研究,主要涉及三个核心概念,即非正式学习、非正式学习空间和非正式学习空间设计。

① Zhang,J.,Yuan,R. & Shao,X. Investigating Teacher Learning in Professional Learning Communities in China: A Comparison of Two Primary Schools in Shanghai[J].Teaching and Teacher Education,2022,118(7):51-63.
② 焦峰.教师非正式学习的特征及环境构建[J].中国教育学刊,2010(2):84-86.

一、非正式学习

自美国成人教育之父马尔科姆·诺尔斯在 1950 年首次提出非正式学习以来,学术界很多学者对该概念进行了界定。主要可以分为两个视角的概念界定,一些学者是从成人教育视角界定工作场合中的非正式学习;另一些学者则从青少年教育视角界定从基础教育到高等教育阶段的非正式学习。

第一,成人教育视角下的非正式学习。美国成人教育家马斯克与瓦特金斯(Marsick,V.J. & Watkins,K.E.)认为,对工作中的非正式学习可以基于如下四个原则进行概念认知:(1)背景,它是发生在课堂的正规教育环境之外的学习;(2)认知,有意的或偶然发生的学习;(3)经验,具有实践性和判断性的学习;(4)关系,通过指导和团队合作而学习。[①] 而对更宽泛意义的非正式学习,两人进一步认为它是指发生在人们有学习需求、动机和机会的任何地方,通常是自发和无意识地发生。[②] 曼努蒂(Manuti,A.)等学者发表了一篇有广泛影响的题目为《工作场合的正式与非正式学习》的文献综述,他们在大量文献述评的基础上,认为具有如下六个基本特征的学习可称为非正式学习:(1)它与日常生活相结合;(2)由内部或外部唤醒而触发;(3)它的自觉性不高;(4)它是偶然的,受偶然性影响;(5)体现反思和行动的归纳过程;(6)它与学习他人有关。[③] 杨晓平认为非正式学习是相对正式学习而言的一种学习活动,是学习者在日常工作和生活中基于需要、兴趣而自我组织和决定的自

① Marsick,V.J. & Watkins, K.E. Lessons from Informal and Incidental Learning[M]//Burgoyne,J. & Reynolds,M. Management Learning:Integrating Perspectives in Theory and Practice.London:Sage,1997:299.

② Marsick,V.J. & Watkins, K.E. Informal and Incidental Learning[J]. New Directions for Adult and Continuing Education,2001,89:25-34.

③ Manuti,A., et al. Formal and Informal Learning in the Workplace:A Research Review[J]. International Journal of Training and Development,2015,19(1):1-17.

下而上的学习活动。[①] 此外,欧盟和联合国教科文组织等重要国际机构,对非正式学习作了清晰界定。2000 年 10 月,欧盟委员会发布了具有重要政策影响的《终身学习备忘录》(A Memorandum on Lifelong Learning),在文本中指出非正式学习是学习产生于日常生活的活动,即日常的工作、家庭和休闲活动,学习的目标和时间计划是非结构化的,没有学历或资格证书,学习者的学习可能是有意识的,但大多数情形下是无意识或偶然的。[②] 2009 年 12 月,联合国教科文组织(UNESCO)在巴西召开的第六届国际成人教育大会上,发布了《全球成人学习与教育报告》(Global Report on Adult Learning and Education),全面采纳了欧盟提出的非正式学习的概念。由此,在教科文组织等国际机构的推动下,成人教育视野下的非正式学习概念基本形成了较为一致的学术观点。

第二,青少年教育视角下的非正式学习。可以进一步细分为两个子类:一类研究是从"学习属性"角度来界定非正式学习。克罗斯(Cross,J.)是非正式学习一词的积极推广者,他认为非正式学习是时间、场所不固定的随机性学习,通过非教学性的社会交往来传递和渗透知识,其学习有较大选择性和随意性,是学习者自我发起、自我调控、自我负责的学习。[③] 利文斯通(Livingstone,D.W.)认为非正式学习是所有在教育或社会机构提供的课程、讲习班之外发生的学习,涉及追求深入理解、学习知识或技能的行为活动。[④] 张剑平等认为,非正式学习是指正规教育之外,不以明确的组织形式开

① 杨晓平.中小学教师非正式学习研究[D].重庆:西南大学,2014:36.
② European Commission. A Memorandum on Lifelong Learning[EB/OL].[2020-3-5].https://uil.unesco.org/document/european-communities-memorandum-lifelong-learning-issued-2000.
③ Cross, J. An Informal History of E-Learning[J].On the Horizon,2004,12(3):103-110.
④ Livingstone,D.W. Exploring the Icebergs of Adult Learning: Findings of the First Canadian Survey of Informal Learning Practices[J].Canadian Journal for the Study of Adult Education,1999,13:49-72.

展的，主要由学习者个体或群体自发进行的知识与技能的习得过程。① 赵健认为与正式教育体系中学习内容的非选择性、序列性、教师主导性、非自愿性等特征相对应，非正式学习具有学习者自我激发的、兴趣引导的、自愿的、个体化的、情景化的、合作的、非线性的和开放的等诸多特征。② 瓦德邦科（Vadeboncoeur，J.A.）认为非正式学习与结构化的正式学习不同，它具有情境性、模糊性、社会性、非组织性等特征。③

另一类研究是从"学习空间"角度来界定非正式学习。格柏（Gerber，B.L.）等人认为非正式学习是发生在教室之外的学习，具有无结构化和学生自主管理的特征，可能发生在一些社会机构如博物馆，也可能发生在校内组织如学生社团，或在每天的日常环境中如看电视。④ 马修斯（Matthews，K.E.）等人认为非正式学习是学生在指定课堂时间之外的学习。⑤ 穆萨（Moussa，L.M.）认为非正式学习发生在任何时间、任何地点，无论是在正式场合还是在非正式场合，即使在正规教育中也有非正式学习，即所谓的"隐藏课程"。⑥ 杰米森（Jamieson，P.）认为非正式学习是"在校园内单独或合作开展的，发生在课堂外且不直接涉及任课教师的与课程相关的活动"。⑦ 余胜泉和毛芳认为非正式学习是相对于正规教育或继续教育而言的，在工作、生活、社交等非正式学习时间和地点接受新知的学习形式，主要指做中学、玩中学、

① 张剑平，等.虚实融合环境下的非正式学习研究[M].杭州：浙江大学出版社，2018：9.

② 赵健，金莺莲，汤雪平.非正式学习：学习研究的新空间[J].上海教育，2013(34)：68-71.

③ Vadeboncoeur，J.A. Engaging Young People：Learning in Informal Contexts[J]. Review of Research in Education，2006，30(1)：239-278.

④ Gerber，B.L.，Marek，E.A. & Cavallo，A.M. Development of an Informal Learning Opportunities Assay [J]. International Journal of Science Education，2001，23(6)：569-583.

⑤ Matthews，K.E.，Andrews，V. & Adams，P. Social Learning Spaces and Student Engagement[J]. Higher Education Research & Development，2011，30(2)：105-120.

⑥ Moussa，L.M. The Base of the Iceberg：Informal Learning and Its Impact on Formal and Non-formal Learning[J]. International Review of Education，2015，61：717-720.

⑦ Jamieson，P. The Serious Matter of Informal Learning[J]. Planning for Higher Education，2009，37(2)：18-25.

游中学,如沙龙、读书、聚会、打球等。^① 刘文利认为非正式学习是发生在课堂之外的其他场所的学习,拥有无结构、无系统、无需正规评价、以学生为中心等特点,如场馆学习、日常生活学习、课外小组学习等。^②

在此需要说明的是,非正式学习还有一个相近但又有区别的概念是"非正规学习"(non-formal learning)。非正规教育往往与主流的正规教育系统并驾齐驱,它是指学习不是由教育或培训机构提供,不提供学历或资格证书,但学习是结构化的,并且学习者学习是有意识的。^③ 正规教育和非正规教育都具有学习结构化、学习者学习目的明确等特征,而非正式学习则具有非结构化的特征,显现出三者明显不同的概念内涵。^④ 三者之间也有相互交叉关系,非正式学习能帮助和强化正规(正式)和非正规学习,能使用正规和非正规学习来纠正非正式学习的一些非社会性结果,帮助学习者认识到非正式学习的重要性和价值,促进正式与非正式学习之间的对话与互动。^⑤ 这反映了三者既有明显区分,同时也有内在联系的关系。事实上,结合我国国情和学习科学的发展趋势,特别是在线非正式学习的快速发展,上述三个概念有区分地同时存在,更适合我国的需要。

从上述全球不同学者对非正式学习概念的界定来看,彼此概念界定与认识的视角具有一定的差别。研究成人教育为主的学者,更站在日常工作和生活场合的视角认知非正式学习,学习可能是非结构化的,与学历或资格证书的获得之间不存在相关性。青少年教育视角下的非正式学习,认为具有学习

① 余胜泉,毛芳.非正式学习——e-Learning 研究与实践的新领域[J].电化教育研究,2005(10):18-23.
② 刘文利.科学教育的重要途径——非正规学习[J].教育科学,2007(1):41-44.
③ European Commission. A Memorandum on Lifelong Learning[EB/OL].[2020-3-5].https://uil.unesco.org/document/european-communities-memorandum-lifelong-learning-issued-2000.
④ 更多关于两者的辨析,可参见:张艳红,钟大鹏,梁新艳.非正式学习与非正规学习辨析[J].电化教育研究,2012(3):24-28.
⑤ Rogers,A. The Base of the Iceberg:Informal Learning and Its Impact on Formal and Non-formal Learning[M].Toronto:Verlag Barbara Budrich,2014:68-72.

者自主调控、自我负责,以及学习时间和场所不固定等特征,大部分学者认为是发生在课堂之外的学习,也有学者认为课堂中也会有非正式学习。总体上看,成人教育与青少年教育两类不同视角下的非正式学习,对概念内涵的界定应该说具有不少相同性,但也有一定差别。非正式学习与正式学习具有一定的概念映射关系,这个"非",不是"反",它是一个中性词,没有"肯定"那么沉重,也没有"不是"或"否定"那么绝对,它具有一定的超脱性与无边界性。本研究聚焦青少年教育,综合上述不同学者的观点和本研究的深入思考,认为非正式学习是"学习者依据自我需求和学习状态,开展的自主探索或沉浸式学习,具有学习成员开放、时间灵活、内容自主、方式自由、过程非结构化等特点"。

二、非正式学习空间

学术界对非正式学习空间的概念有不同的界定,成人教育视角下的非正式学习空间本质上就是工作与生活的场所,青少年教育视角下的非正式学习空间与学校空间或社会性教育空间具有高相关性。基于本研究需要,着重就青少年教育视角下的非正式学习空间的概念界定展开梳理。

布朗(Brown,M. B.)等人认为,非正式学习空间是教室之外可以用来学习的任何地方。[①] 卡拉南(Callanan,M.)等人认为,非正式学习空间包括多样化和非标准化的学习主题,有更灵活的结构和更丰富的社会互动,同时没有外部强加的评价。[②] 韦伯(Webber,L.)认为非正式学习空间是指这样一种

---

① Brown,M. B. & Lippincott,J. K. Learning Spaces More Than Meets the Eye[J]. Educause Quarterly, 2003,15(1):14-16.

② Callanan,M. A. ,Cervantes,C. & Loomis,M. Informal Learning[J]. Wiley Interdisciplinary Reviews Cognitive Science,2011,2(6):646-655.

环境,即学生可自我导向学习途径,独自或与他人一起,在自己选择的多种不同空间环境中学习,并侧重于自我选择的学习内容。[①] 赖斯(Raish,V.)等人认为,非正式学习空间是为学生提供不同于正式学习空间的环境和文化,它能够提供传统教育空间通常没有的教育资源,或者提供比学校等正规学习空间更广泛的资源。[②] 埃利斯和古德伊尔(Ellis,R. & Goodyear,P.)提出了学习空间的"三维分类"概念,认为其包括物理、混合、虚拟三类非正式学习空间(如图 1-3 所示),非正式学习空间是学生在没有教师直接指导下参与学习活动的场所。[③]

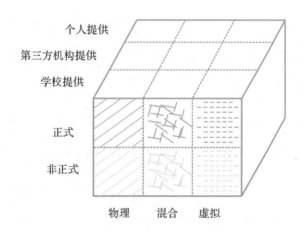

图 1-3 学习空间的三维分类

佩特和福尼尔(Painter,S. & Fournier,J.)将非正式学习空间定义为两类:一类是专门提供的,包括图书馆、学习休息区、小组学习室、走廊或其他公共区域的学习凹室、户外露台或者广场;另一类是"发现的场所",包括空教

① Scott-Webber,L.非正式学习场所——常被遗忘但对学生学习非常重要;是时候做新的设计思考![J].住区,2015(2):28-43.

② Raish,V. & Fennewal,J. Embedded Managers in Informal Learning Spaces[J]. Portal Libraries and the Academy,2016,16(4):793-815.

③ Ellis,R. & Goodyear,P. Models of Learning Space: Integrating Research on Space, Place and Learningin Higher Education[J]. Review of Education,2016,4(2):149-191.

室、咖啡吧、食堂、办公室外的走廊等。① 贝尔(Bell,P.)根据学习所发生的非正式环境的不同,将非正式学习空间分为日常生活环境中的学习、经过设计的环境中的学习以及基于项目的学习三种。② 达格代尔(Dugdale,S.)认为非正式学习空间包括教室之外所有有关知识分享和学习活动的场所,包括图书馆、休息室、计算机室、咖啡馆、合作中心以及宿舍等。③ 刘毅将其研究的非正式学习空间界定为普通教学楼中除传统上课教室以外的其他学习空间,包括教学楼入口广场以及其间的庭院,教学楼的内部厅堂、走廊以及过渡性的架空层、廊道、平台等。④ 桑甜认为非正式学习空间是非正式学习活动的载体,在空间上是教学建筑中除普通教室之外,以学生非正式学习活动为主导的物理空间范畴,在时间上是正式课程学习之外,学生支配的时间范畴,如课间、午休、活动时间等特定时间。⑤

当然,也有不少学者对非正式学习空间的概念界定过于美好,提出了批评意见,非常值得学界认真关注与反思。伯曼(Berman,N.)认为很多文献总是过于浪漫化或过度美化非正式学习空间,认为只要体现自由、开放、合作、民主或技术丰富的空间就是好空间,出现"好像它们没有问题一样"的错觉。⑥ 同时,有不少学术文献将正式学习空间描述为沉闷、单调或无趣的环境,而非正式学习空间则是人们能感知到它是有趣的和令人愉快的环境。⑦ 过于贬低正式学习空间而抬高非正式学习空间,也容易给人们带来错觉。诚然,过于

---

① Painter,S. & Fournier,J. Research on Learning Space Design:Present State& Future Directions[M].Los Angeles:Society for College and University Planning,2013:15.

② 贝尔.非正式环境中的科学学习:人、场所与活动[M].赵健,王茹,译.北京:科学普及出版社,2015:10.

③ Dugdale,S.非正式学习图景的规划策略[J].住区,2015(2):8-12.

④ 刘毅.非正式学习视角下的中学教学空间适应性设计策略研究[D].武汉:华中科技大学,2020:13.

⑤ 桑甜.小学教学建筑非正式学习空间设计研究[D].南京:东南大学,2020:15.

⑥ Berman,N. A Critical Examination of Informal Learning Spaces[J]. Higher Education Research & Development,2020,39(1):127-140.

⑦ Boys,J. Towards Creative Learning Spaces:Re-thinking the Architecture of Post-compulsory Education[M].New York,NY:Routledge,2010:30.

有趣与令人愉快的学习环境,也会让不少学生无法进行认真的学习,使其过于追求闲暇而不是"好学不倦"。

非正式学习空间是非正式学习得以发生的"容器",可以是现实世界中的物理空间,也可以是虚实环境融合的混合学习空间,或纯粹在互联网上开展的网络空间乃至近年来正新兴发展的"元宇宙"空间。[①] 本研究主要聚焦物理类学习空间,认为非正式学习空间是满足学习者依据自我需求和学态,可开展自主探索、沉浸式学习的场所空间;其学习具有成员开放、时间灵活、内容自主、方式自由、过程非结构化等特点;其空间形态可以是开放、半开放或封闭的空间,校园中的门厅、走廊、架空层、广场、运动场、图书馆、食堂、树林、草地等都具有成为非正式学习空间的可能性,普通教室、实验室等空间也可以作为"发现的场所",具有兼容非正式学习的条件。例如走廊,不仅仅是校园内的交通空间,通过合理设计而形成的节点空间、线性空间和面域空间,还可以成为师生重要的学习枢纽或多元学习街。

非正式学习空间的类型十分丰富,可以分为多种类别。从专属性维度看,可分为图书馆、小组学习室、公共区学习凹室等"专门提供"的空间,以及如空教室、咖啡吧、食堂等"偶然发现"的空间。[②] 从室内外维度看,可分为室内、半室外、室外等三类。从人员和学习样态维度看,可分为个人自主、团组协作、社交开放等三类。从功能多少维度看,可分为单一功能、多种功能、复合可变功能等三类。从私密—公共、独处—共享维度看,可分为个体独处空间如学习舱、公共独处空间如学习长桌、私人共享空间如研讨室、公共共享空

---

① 元宇宙,英文为 Metaverse,是指与现实世界具有映射与交互的虚拟世界,是一种新型的数字生活空间。

② Painter,S. & Fournier,J. Research on Learning Space Design:Present State& Future Directions[M]. Los Angeles:Society for College and University Planning,2013:15.

间如学习广场等四类。[①] 从空间所处位置维度看,可分为教学区、图书馆、办公区、食堂、寝室、庭院、广场等类别。从使用频次维度看,可分为高频使用空间、中频使用空间和低频使用空间等三类。从空间形态维度看,可分为散点式、长条式、阵列式、曲线式、交叉式、咬合式等多类。从学习类别看,可以是项目化学习空间、真实性学习空间、混合学习空间、泛在阅读空间、班级阅读角、走廊学习街、合作性学习空间、互动交流空间等多种类型。

非正式学习空间具有截然不同于正式学习空间的特征。一是其人际组织形态更为灵活,可能是独自、两人、小组或大组进行的学习,其人数规模更取决于学习者自我导向的学习任务与模式选择。二是时间的灵活性,更为关注以真实学习需要而确定时间,而不是以课时规定而确定时间,消解了固定化课堂教学时间的概念。三是学习更具有自组织性,在沉浸式的学习氛围中,开展更富真实性的学习。四是学习媒介更丰富化。目前,人类社会的学习媒介主要有四种载体,分别是语言文字、图片、视频和情景体验。依据波兰尼(Polanyi,M.)的"知识观",知识可分为"显性知识"与"隐性知识"。越是后续的学习媒介,更富有难以用言语可清晰表达的"隐性知识"特征,即它具有不能用一定的符码系统以实现表达的特点。非正式学习空间中大量后三类学习媒介的呈现,更有利于学生隐性知识的习得,促进学生的"内隐学习",促进认知与技能的提升。

面向成人教育与面向青少年教育的非正式学习空间,也有比较大的不同。面向青少年教育的非正式学习空间,通常在各级各类学校或社会性教育机构如博物馆、科技馆、农业园等专门性教育场所,相关学习活动始终隐含"教育是有目的培养人的社会性活动"的本质,着力围绕青少年的核心素养发

---

① Scott-Webber,L.非正式学习场所——常被遗忘但对学生学习非常重要;是时候做新的设计思考![J].住区,2015(2):28-43.

展,结合青少年相应年龄段的身心特点,有目的地引导青少年的能力发展。具体而言,面向青少年教育的非正式学习,学习情境通常是逼真的学习情境或真实性问题情境,认知域限一般为学习者可荷载范围之内,并常重视专门学习资源的组织配置,教师可在其中承担指导者、引领者的角色,并重视支持学习的环境建设;而面向成人教育的非正式学习,学习情境通常是日常真实情境,认知域限一般不太考虑学习荷载,学习资源通常为日常情境的资源,通常没有指导教师或为师徒制,学习环境一般不作专门化的设计。如表1-2所示。

表1-2 两类不同教育视角下的非正式学习空间的比较

维 度	成人教育视角	青少年教育视角
学习情境	大部分是日常真实情境 (偶然模拟)	大部分是逼真的学习情境 (真实性问题情境)
认知域限	不太考虑学习荷载	学习者可荷载范围内
学习资源	日常情境的资源	专门组织的资源
教师角色	无或师徒制	指导者、引领者
学习环境	常态化环境	建设支持学习的环境

三、非正式学习空间设计

基于上文对非正式学习和非正式学习空间两个概念的系统分析和本研究所作的相关界定,非正式学习空间设计是以从建筑学、教育学、环境心理学,特别是新近快速发展的学习科学等多学科视角来科学认知非正式学习空间为出发点,结合教育改革发展特别是课程与教学、现代教育技术、学校文化建设等领域的真实性建设需要,以空间设计为载体,多学科协同推进学习空间中的建筑空间、教育理念、学习方式、学习资源、技术装备、文化载体等要素的科学合理设计,有质量地满足师生多目的、多模态的个性化非正式学习需要。

第三节　非正式学习空间研究的进展述评

国内外学术界对非正式学习空间已展开了一定的研究。其中不少研究聚焦高等教育领域的非正式学习空间建设,也有不少研究聚焦博物馆、科技馆和户外自然环境的非正式学习空间建设,针对学校非正式学习空间的研究相对较少。

一、相关研究进展

为比较全面地了解本领域的研究进展,紧密围绕"非正式学习空间的设计研究"的核心议题,并为本书的拓展与深化奠定基础,在此从非正式学习空间设计的理论研究、分类非正式学习空间的设计研究、非正式学习空间建设的评价研究三大方面,覆盖理论研究、具体空间的设计和建成空间的评价三个维度,展开专题性述评。

（一）非正式学习空间设计的理论研究

人们日益重视非正式学习空间建设。自从美国学者勒温（Lewin,K.）在1936年进行的一项环境行为学研究发现环境因素与个体行为之间有决定性影响[①],人们加大了对学习环境要素的关注。2006年,美国学者奥布林格

---

① Lewin,K. Principles of Topological Psychology[M].New York：McGraw Press,1936：7.

(Oblinger,D.)即美国高等教育信息化协会(EDUCAUSE)主席[①],主编出版了一本名为《学习空间》的著作,全书 42 章,其中第五章和第八章有专节论及非正式学习空间,该书的出版成为引领全球多国加大力度开展学习空间研究的重要学术事件。[②] 2011 年,美国北卡罗来纳大学创刊《学习空间杂志》(*Journal of Learning Space*),它是一本专门研究学习空间的专业期刊。蓬勃发展的学习科学和学习空间等领域的研究,带动校园空间的建设范式转型,即从传统"教学空间"转向"学习空间"[③],从关注"物理空间"转向关注"学习环境"[④]。其中,非正式学习及其空间建设日益引发高度关注[⑤],不论是大学的非正式学习空间创设[⑥],还是中小学的非正式学习建设[⑦],都逐步成为学术界关注的热点。

第一,现有涉及非正式学习空间的设计理论更多是学习空间设计理论。学习空间基于证据的设计或循证设计理论(evidence-based design),日益受到重视与认可。[⑧] 人们重视教育学、学习空间与设施技术之间的重要相关性,由此提出了空间建设的 PST 设计理论(pedagogy-space-technology)。[⑨] 赫福特(Heft,H.)认为学习者的行为与学习环境的供给之间存在"供给理论"

---

① 美国高等教育信息化协会,英文为 EDUCAUSE,是目前全球最具影响力的高等教育信息化专业组织,它拥有以北美为主,遍布世界各地的 2400 个成员单位,经常发布富有影响力的报告,如持续发布《地平线报告》《年度十大信息技术议题》等。

② Oblinger,D.G. Learning Space[M].Washington,D.C.:Educause,2006.

③ 许亚锋,陈卫东,李锦昌.论空间范式的变迁:从教学空间到学习空间[J].电化教育研究,2015(11):20-25.

④ Kokko,A.K. & Hirsto,L. From Physical Spaces to Learning Environments:Processes in Which Physical Spaces are Transformed into Learning Environments[J].Learning Environments Research,2020,24:71-85.

⑤ 赵健,金莺莲,汤雪平.非正式学习:学习研究的新空间[J].上海教育,2013(34):68-71.

⑥ 闫建璋,孙姗姗.论大学非正式学习空间的创设[J].高等教育研究,2019(1):81-85.

⑦ 邵兴江,张佳.中小学新型学习空间:非正式学习空间的建设维度与方法[J].教育发展研究,2020(10):66-72.

⑧ Fisher,K. The Translational Design of Schools:An Evidence-based Approach to Aligning Pedagogy and Learning Environments[M].Rotterdam:Sense Publishers,2016:8.

⑨ Radcliffe,D. A Pedagogy-Space-Technology(PST)Framework for Designing and Evaluating Learning Places[C]//Proceedings of the Next Generation Learning Spaces 2008 Colloquium.Brisbane:The University of Queensland,2009:11-16.

(theory of affordance),即将学习者与环境之间的关系视为一种积极、动态的交流机制,相关要素不应从环境—行为生态系统中分离,而应体现环境与人的相辅相成关系。[1] 也有研究运用扎根理论,通过儿童视角认知未来的理想学校和学校环境,并由此建立一个理想学校和学习环境的模型,即鼓励使用各种正式和非正式学习空间,依托技术丰富和好玩的学习环境,促进学生的发展。[2] 卡萨诺瓦(Casanova,D.)等人提出运用沙盘模型技术,通过邀请师生参与推演和论证,探索利益相关者对学习空间的见解,并推进学习环境设计与学习技术的整合。[3] 李志河等人对面向具身认知的学习环境设计展开了研究,对具身认知学习环境的特征、构成要素、构建原则等进行了学理构建。[4] 从上述研究来看,专门指向非正式学习空间建设的理论还没形成相关研究成果。

第二,人们对非正式学习空间的设计提出了多种设计理念。芬克尔斯坦(Finkelstein,A.)等人认为非正式学习空间的设计,要重视师生为本的理念,强调师生在空间中的体验,学校正式与非正式学习环境的设计受到"以学生为中心""有意义体验"等基本原则的影响。[5] 迪德和奥尔泰托(Deed,C. & Alterator,S.)认为设计者要有"复杂性"概念,应合理认知使用者的需求反馈,设计者应明白人们表达的"同一概念",实际上其背后的含义具有复杂性;

---

① Heft,H. Affordances and the Perception of Landscape:An Inquiry into Environmental Perception[J]. Innovative Approaches,2010(2):9-32.

② Kangas,M. The School of the Future:Theoretical and Pedagogical Approaches for Creative and Playful Learning Environments[M]. Rovaniemi:Lapland University Press,2010:117-120.

③ Casanova,D.,Huet,I.,Garcia,F. M.,et al. Role of Technology in the Design of Learning Environments[J]. Learning Environments Research,2020,23:413-427.

④ 李志河,李鹏媛,周娜娜,等.具身认知学习环境设计:特征、要素、应用及发展趋势[J].远程教育杂志,2018(5):81-90.

⑤ Finkelstein,A.,Ferris,J.,Weston,C.,et al. Research-informed Principles for (re)Designing Teaching and Learning Spaces[J].Journal of Learning Spaces,2016,5(1):26-40.

使用者的生活经验,包括偶然性的生活经验,或多或少影响空间的设计取舍。[①] 奥乃尔(O'Neill,M.)指出为更好满足师生不确定的需求,越来越多的学校开始引入高适应性和集成性的理念,替代以往具有明确功能的设计导向,并在校园"社交枢纽空间""学生学习街"和其他集成型非正式学习空间中加以体现。[②] 一些国家持续调整本国含非正式学习空间在内的建设理念,如新西兰先后提出了"灵活的学习空间""现代学习环境""创新型学习环境"等理念,持续推动空间变革。[③]

第三,人们认为非正式学习空间的设计,应有一定的设计原则。奥利维拉(Oliveira,N.)认为一个优秀的学校非正式学习空间构建,应有舒适性、美观性、可变性、公平性、混合性、设施充裕性和反复可使用等七个方面的准则,并认为这是评价一个非正式学习空间的原则性准则。[④] 杨嵘峰对城市高密度下的中小学非正式学习空间开展研究,提出了整体性、安全性、可达性、人性化和多样化等五项设计原则,并认为要重视色彩、采光和声音等环境因素的合理设计。[⑤] 刘毅对中学教学楼非正式学习空间的适应性设计展开了研究,提出了可达性、开放性、宜人性和联动性等四项原则,并对外部、内部和过渡三类非正式学习的适应性设计提出了具体策略。[⑥] 徐迪对小学的非正式学习空间设计展开了研究,认为空间的设计要符合儿童心理发展和学习行为特

---

① Deed,C. & Alterator,S. Informal Learning Spaces and Their Impact on Learning in Higher Education: Framing New Narratives of Participation[J].Journal of Learning Spaces,2017,6(3):54-58.

② O'Neill,M. Limitless Learning: Creating Adaptable Environments to Support a Changing Campus[J]. Planning for Higher Education,2013(4):11-27.

③ Carvalho,L., Nicholson,T., Yeoman,P., et al. Space Matters: Framing the New Zealand Learning Landscape[J]. Learning Environments Research,2020,23:307-329.

④ Oliveira,N., et al. Learning Spaces for Knowledge Generation[EB/OL]. [2019-10-5]. https://drops. dagstuhl.de/opus/volltexte/2012/3522/pdf/15.pdf.

⑤ 杨嵘峰.城市高密度下中小学校园非正式学习空间设计研究[D].深圳:深圳大学,2020:25-27.

⑥ 刘毅.非正式学习视角下的中学教学空间适应性设计策略研究[D].武汉:华中科技大学,2020:36-43.

点,并由此提出了建构性、情境性、自控性和协同性等四项设计原则。[①] 孙熙然对走班制模式下高中教学建筑的非正式学习空间展开了研究,认为有协作学习、集体活动、偶发交流、个人学习等四种非正式学习空间,面向走班教学模式,空间设计应体现整体性、开放性、可达性、复合性、信息化、多样化等六项设计原则,以更好增进非正式学习活动。[②]

第四,非正式学习空间的设计,应有一定的工作流程并重视师生参与。刘毅认为适应中学教学需要的非正式学习空间设计,应有项目前期分析、设计矛盾解析、规划上的适应性设计、具体空间的适应性设计等多个阶段。[③] 科克和赫斯托(Kokko,K. & Hirsto,L.)运用比较民族志的方法,认为建设新型学习环境需要师生参与的建设流程,特别是要加强师生之间的积极协商与意义建构,从而建构使用者满意的学习环境。[④] 师生应该参与非正式学习空间的设计过程,然而非正式学习空间的缔造者和设计者,往往假设学生的经历和学习需求与他们自己曾经有过的学生经历类似,但事实并非如此。[⑤] 李苏萍指出非正式学习空间的设计,是一个动态"过程"而非静态"结果",因此在设计过程中让所有人特别是师生参与其中是关键。[⑥] 确切地说,师生应该是非正式学习空间设计的关键驱动者,通过参加设计的愿景研讨、空间初案、研讨优化、方案迭代等多个循环往复环节,能更好保障设计的质量。[⑦] 然而,在实践中经常本末倒置的是非正式学习空间的构建者和缔造者,往往倾向于

① 徐笛.小学非正式学习空间设计策略研究[D].武汉:华中科技大学,2020:23-33.
② 孙熙然.走班制模式下高中教学建筑非正式学习空间设计研究[D].沈阳:沈阳建筑大学,2018:51-81.
③ 刘毅.非正式学习视角下的中学教学空间适应性设计策略研究[D].武汉:华中科技大学,2020:46-55.
④ Kokko,A. K. & Hirsto,L. From Physical Spaces to Learning Environments: Processes in Which Physical Spaces are Transformed into Learning Environments[J].Learning Environments Research,2020,24:71-85.
⑤ Foster,N. F. & Gibbons,S. Studying Students: The Undergraduate Research Project at the University of Rochester[M].Chicago:Association of College and Research Libraries,2007:4.
⑥ 李苏萍.非正式学习图景的规划策略[J].住区,2015(2):6-7.
⑦ Imms,W. & Kvan,T. Teacher Transition into Innovative Learning Environments[M].Singapore:Springer,2020:40-41.

在建成空间后向学生征询使用感受和使用体验[①]，虽然这对未来的非正式学习空间设计仍有益处，但对孩子们正在使用的非正式学习空间往往于事无补。总之，师生有必要在设计前期和设计过程阶段参与空间建设。

第五，不少研究认为新技术，或许为非正式学习空间创新设计提供了新的可能。建造技术、建筑装备特别是信息通信技术正在深度影响学习空间的营造。胡智标认为增强现实技术具有虚实融合、沉浸互动等优势，能促进建设智慧型学习环境，在非正式学习领域中具有广阔的应用前景，如增强现实电子书、基于增强现实的移动学习、增强现实教育游戏等。[②] 程彤和汪存友指出增强现实是在虚拟现实基础上发展起来的一种新兴技术，能为非正式学习空间提供虚实融合的学习场景、游戏化泛在学习、移动化学习等多种应用场景。[③] 当然，也有学者指出学习环境中的技术并不一定能增强学习，要考虑学习过程中学习者的感知复杂性等不同因素。[④]

第六，一个优质的非正式学习空间，受到很多设计因素的影响。非正式学习空间的室内布局和颜色搭配，是一种重要的暗示性影响因素。沃尔多克（Waldock，J.）等人的研究发现，当空间内部采用中性色彩作为主色调时，能够给学生提供舒适平和的学习环境。[⑤] 除了空间本身的属性以外，空间内家具桌椅的款式、陈设与布局也是不可忽视的影响因子。查和金（Cha，S. H. & Kim，T. W.）两人的研究发现，宽大舒适的桌椅往往会获得学生的青睐，能

---

① Lee，N. & Tan，S. A Comprehensive Learning Space Evaluation Model：Final Report 2011[R].Swinburne University，2011.

② 胡智标.增强教学效果，拓展学习空间——增强现实技术在教育中的应用研究[J].远程教育杂志，2014 (2)：106-112.

③ 程彤，汪存友.增强现实技术在非正式学习空间中的应用探讨[J].中国教育信息化，2015(22)：83-85.

④ Henderson，M. ，Selwyn，N. & Aston，R. What Works and Why? Student Perceptions of "Useful" Digital Technology in University Teaching and Learning[J].Studies in Higher Education，2017，42(8)：1567-1579.

⑤ Waldock，J. A. et al. The Role of Informal Learning Spaces in Enhancing Student Engagement with Mathematical Sciences[J]. International Journal of Mathematical Education in Science and Technology，2017，48 (4)：587-602.

够自由移动的家具则允许人数不等学生的小组讨论学习。[①] 事实上，空间中影响非正式学习的因素要多得多。有研究认为空间选址、空间氛围、对话与交流性、社圈感、私密性、便捷可达、照明声学、学习资源、茶点等九项因素，应作为非正式学习空间设计与评估的主要决策因素。[②] 在相关期刊中，类似研究不少。因此，胡先峰等人对 35 种关于"非正式学习空间设计的影响因素"的文献进行了分类梳理，发现有七项空间设计因素会影响学生的非正式学习体验，即舒适性、灵活性、体验性、功能性、空间层次性、开放性和其他支持设施等，如表 1-3 所示。[③]

表 1-3　非正式学习空间中影响学习体验的设计因素

设计因素	非正式学习空间的设计特征
舒适性	采光、声学、温度、通风、家具(色彩/材料)
灵活性	移动性、适应性、多元性、灵活性
体验性	社交感、社区归属感、信息充裕性、吸引力、开放性、围合性、安全感
功能性	支持小组型工作和合作学习、支持个别化学习
空间层次性	空间位置(接近正式学习空间)、外部景观
开放性	流通性、易识别、可理解、私密性、宽敞的
其他支持设施	技术丰富的环境、覆盖 Wi-Fi、插头插座、食品与饮料

(二)分类非正式学习空间的设计研究

非正式学习空间对不同领域的价值已得到较多研究的支持，不少研究对

---

① Cha, S. H. & Kim, T. W. What Matters for Students' Use of Physical Library Space？[J]. The Journal of Academic Librarianship, 2015, 41(3): 274-279.

② Harrop, D. & Turpin, B. A Study Exploring Learners' Informal Learning Space Behaviors, Attitudes and Preferences[J]. New Review of Academic Librarianship, 2013, 19(1): 58-77.

③ Wu, X., Kou, Z., Oldfield, P., et al. Informal Learning Spaces in Higher Education: Student Preferences and Activities[J]. Buildings, 2021, 252(11): 1-25, 252-277.

专题类非正式学习空间的设计展开了研究。结合相关研究重点与分类汇聚分析,可分为科学创新类、人文艺术类和户外综合类等三类,其中科学创新类非正式学习空间的专题设计研究相对较多。需要指出的是,基于互联网的非正式学习空间设计,实际上与本研究是两个不同的研究领域,不纳入本综述范围。

第一,科学创新类非正式学习空间建设,成为政府与学界关注的重点。美国国家自然基金会成立了非正式科学教育(Informal Science Education,ISE)办公室,专门组织开展相关课题的专项研究。[①] 2015 年,美国颁布了《STEM 教育法》(STEM Education Act of 2015),明确提出要加强非正式环境下的 STEM 教育。[②] 马丁(Martin,L.M.)认为,非正式学习空间对青少年的 STEM 课程学习与教学改革具有重要的促进作用。[③] 戴森(Denson,C.D.)等人发现学生在开展工程设计类的学习中,当空间是有学习主题与资源支持的非正式学习空间时,学生的学习受益十分突出。[④] 戈博(Gerber,B.L.)以中学生为研究对象,发现非正式学习环境的丰富与贫乏程度,会对学生的科学推理能力产生显著影响,越丰富的非正式学习环境越有利于学生发展科学推理能力。[⑤] 布瑞纳(Breanne,K.L.)认为创客空间是学生重要的非正式学习环境,学生在此类空间中开展学习,能将创造与学习两者有机结合起来,并促进社交与兴趣发展,有利于学生创造与动手能力的培养。[⑥] 沃尔多克

---

① 张宝辉.非正式科学学习研究的最新进展及对我国科学教育的启示[J].全球教育展望,2010(9):90-92.

② 乔爱玲.推进 STEM 教育的游戏开发竞赛机制研究[J].中国电化教育,2017(10):70-75.

③ Martin,L.M. An Emerging Research Framework for Studying Informal Learning and Schools[J]. Science Education,2004,88(1):71-82.

④ Denson,C.,Lammi,M.,Foote White,T.,et al. Value of Informal Learning Environments for Students Engaged in Engineering Design[J].The Journal of Technology Studies,2015,41(1):40-46.

⑤ Gerber,B.L. Relationships Among Informal Learning Environments,Teaching Procedures and Scientific Reasoning Ability[D].Norman:The University of Oklahoma,1996:12.

⑥ Breanne,K.L. Making Learning:Makerspaces as Learning Environments[D].Madison:The University of Wisconsin-Madison,2015:4.

（Waldock，J.A.）等人的研究发现，在学校中创建具有家一样温馨的共享性、凝聚性与支持性的学习社区，能促进年级组内和跨年级的同伴互动，能促进学生数学和科学学得更好。[①] 韩燕清以为师生创造无边界学习为设计理念，在其所在小学中建设了四条学科街区、四大基地体验中心和一个STEAM课程主题园区，具有独立思考中心、多人研讨中心、实践操作中心和展示表演中心等多种功能区，该空间的重构延展了学习时空，丰富了学习资源。[②] 邵兴江等研究面向真实性学习的STEM空间设计，运用现场考察、访谈、问卷、课程分析等多种方法深入了解需求，借助KANO模型对设计需求进行梳理，并运用PST方法展开专项设计，可使建成空间更好地满足STEM教育的多元学习需求。[③] 此外，不少研究关注在社区、野外、博物馆中的非正式学习环境设计，如赫斯特（Hurst，M.A.）等人对儿童在博物馆等非正式学习环境中的早期STEM教育研究[④]，李志河关注场馆学习环境的设计[⑤]等。

第二，人文艺术类非正式学习空间的设计也有不少研究，特别是阅读类空间。坦普博隆和库苏马（Tampubolon，A.C. & Kusuma，H.E.）的研究发现，图书馆中的非正式学习空间具有促进阅读的重要潜力，能促进学生拥有更好的理解力、更积极的学习情绪和花更长时间投入阅读的意愿。[⑥] 虞路遥对大学图书馆的非正式学习空间展开了专题研究，认为有个人学习空间、合

---

① Waldock，J.A. et al. The Role of Informal Learning Spaces in Enhancing Student Engagement with Mathematical Sciences[J]. International Journal of Mathematical Education in Science and Technology，2017，48（4）：587-602.

② 韩燕清.基于非正式学习空间建构的学校生活变革[J].江苏教育，2021（41）：20-22.

③ 邵兴江，李鸿昭，陆银芳.形式追随功能：面向STEM教育的学习空间设计[J].中国民族教育，2018（1）：26-28.

④ Hurst，M.A.，Polinsky，N.，Haden，C.A.，et al. Lever Aging Research on Informal Learning to Inform Policy on Promoting Early STEM[J]. Social Policy Report，2019，32（3）：1-33.

⑤ 李志河，师芳.非正式学习环境下的场馆学习环境设计与构建[J].远程教育杂志，2016（6）：95-102.

⑥ Tampubolon，A.C. & Kusuma，H.E. Campus' Informal Learning Spaces for Reading Activities and the Relation to Undergraduates' Responses[J]. Journal of Architecture and Built Environment，2020，46：117-128.

作学习空间和交流学习空间三种类型,并对不同空间的空间形式和设计要点展开了研究。① 郑佩翔和邵兴江以海南某小学图书馆为例,认为以藏阅为主的阅读空间正经受挤压和冲蚀,急需重构融合正式与非正式学习的新型阅读空间,满足师生个别化、小组、大班阅读教学等需求,学校图书馆应加快建构更富有魅力的新样态阅读空间。② 共享交流空间是人文类非正式学习空间的典型空间,通常位于教学楼核心区域或图书馆之中,此类空间的布局、家具和设施技术要重视体现充满活力的设计理念,为不同学习任务和交互的可能性提供支持。③

第三,不少研究重视校园户外非正式学习空间设计的研究。佩克和阿塔诺夫(Peker,E. & Ataöv,A.)认为,在宏观上应将户外开放空间作为整个校园设计的一部分,户外空间应有一定规模和功能上的多样化,并在公共—私人关系维度上体现层次性,促进室内外空间的功能连接性;在微观维度上,户外空间总体应安静、舒适和配置可移动的座椅,可结合周边建筑、道路和围合元素进行合理设置,适当引入景观小品、户外座椅等景观装置,并提供照明与遮阳设施。④ 哈里斯(Harris,F.)对小学生的户外非正式学习开展了定性研究,发现森林等户外空间为儿童和教师提供了新的学习情景和互动机会,能刺激孩子们的所有感官,特别是促进跨学科探究学习,户外是一个具有重要价值的"独特学习环境"。⑤ 冉苒进和王玮以校园游憩空间为对象,提出将做中学、玩中学、游中学融入空间,创建不同于传统教室的非正式学习校园游憩

①　虞路遥.大学图书馆非正式学习空间设计研究[D].上海:华东理工大学,2016:20-21,39-51.
②　郑佩翔,邵兴江.促进阅读素养建构的非正式学习空间创新营造[J].上海教育,2022(9):60-62.
③　Cox,A. M. Students' Experience of University Space:An Exploratory Study[J]. International Journal of Teaching and Learning in Higher Education,2011,23(2):197-207.
④　Peker,E. & Ataöv,A. Exploring the Ways in Which Campus Open Space Design Influences Students' Learning Experiences[J].Landscape Research,2019,45(3):310-326.
⑤　Harris,F. Outdoor Learning Spaces:The Case of Forest School[J]. Area,2018,50(2):222-231.

空间,从而为学生提供可快乐学习的优质环境。[1]

此外,还有研究发现一些学校的后勤空间,也具有重要的非正式学习功能。有研究对学校餐厅进行了民族志式的质性研究,发现餐厅除了饮食功能外,是重要的非正式学习空间,尽管不一定会被看到,但它是学生社交和社会性学习的重要场所,是校园中"社会再生产"的隐蔽空间。[2]

(三)非正式学习空间建设的评价研究

人们对非正式学习空间建设的评价,一类从师生体验调查的角度评价空间,另一类则提出需要建立规范的空间评价理论框架。

第一,基于师生体验调查的评价研究,旨在从评价角度更好地了解空间的设计需求。陆蓉蓉对上海市十所中学通过师生问卷调查、对教师和管理者访谈等途径,对不同学校非正式学习空间的类型、功能、特征、用途、管理模式和应用现状等展开了深入调查,建立了非正式学习空间的开发原则,并从教育、社会、空间、技术四个维度对典型非正式学习空间进行了案例剖析。[3] 宇晓锋和崔会志以合肥两所小学为分析对象,从学生体验视角提出要创新空间的设计策略,以满足现代小学生多样化的行为需要和精神需求为出发点,让非正式学习空间成为学生能力发展的良好空间场所。[4] 哈洛普和图尔平(Harrop,D. & Turpin,B.)认为应将学习科学、情景理论和建筑学三者整合,研究在非正式学习空间中学习者的行为、态度与表现等方面的体验。[5]

① 冉苒进,王玮.促进非正式学习的校园游憩空间更新设计[J].设计艺术研究,2018(6):55-61.
② Lalli,G.S. School Meal Time and Social Learning in England[J].Cambridge Journal of Education,2019,50:57-75.
③ 陆蓉蓉.校园非正式学习空间研究[D].武汉:华东师范大学,2013:31-33.
④ 宇晓锋,崔会志.小学教学建筑非正式学习空间设计研究[J].建筑与文化,2018(4):90-92.
⑤ Harrop,D. & Turpin,B. A Study Exploring Learners' Informal Learning Space Behaviors, Attitudes and Preferences[J].New Review of Academic Librarianship,2013,19(1):58-77.

第二,有不少研究提出了空间评价理论框架。普雷泽尔(Preiser,W.F. E.)认为要开发周期性的学习空间使用评估体系,包括学习空间在建筑生物学和环境学方面的"健康性",以更好地解决学习者对设施方面的动态需求。①迪德和奥尔泰托(Deed,C. & Alterator,S.)的研究认为,对非正式学习空间开展使用后评估,应结合教育教学的复杂性,用语言描述法确立不同非正式学习空间与学生行为之间的映射关系,并进一步通过采集多种类型数据的方式对空间开展使用后评估。② 他们两人在专著《学校空间及其使用》中提出,新一代学习空间的设计包括正式与非正式学习空间,非常需要有一个使用后评估的方法。③ 马凯莱(Mäkelä,T.E.)等人对芬兰高中的学习空间展开了分析,提出了社区性和个性、舒适性和健康、新颖性和传统性等三个维度的评估框架,用于指导与改进学习空间的设计。④

二、研究进展述评

综上所述,非正式学习是人类学习的重要领域,非正式学习空间设计是一个跨学科的重要研究课题。已有研究形成了较为丰硕的理论与实践成果。首先,人们对学习空间的设计理论,非正式学习空间的空间设计理念、空间设计原则、空间建设流程、师生参与空间设计、空间融合先进技术,以及影响非正式学习空间品质的影响因素等方面已经有了比较多的研究,对全面认知非

---

① Preiser,W.F.E. Building Performance Assessment—From POE to BPE, a Personal Perspective[J]. Architectural Science Review,2005,48(3):201-204.
② Deed,C. & Alterator,S. Informal Learning Spaces and Their Impact on Learning in Higher Education: Framing New Narratives of Participation[J].Journal of Learning Spaces,2017,6(3):54-58.
③ Alterator,S. & Deed,C. School Space and Its Occupation: Conceptualizing and Evaluating Innovative Learning Environments[M].Boston: Brill Sense,2018:121.
④ Mäkelä,T.E. et al. Student Participation in Learning Environment Improvement: Analysis of a Codesign Project in a Finnish Upper Secondary School[J].Learning Environments Research,2018,21(7):19-41.

正式学习空间及其空间设计,提供了多方面的理论指导与具体设计原理。其次,从分类别非正式学习空间的角度,科创类的非正式学习空间研究最多,人文类和户外类的非正式学习空间研究也不少,此类已有研究揭示了三类非正式学习空间的重要价值,并对如何设计该三类空间提供了部分设计理念与设计方法,使得人们能充分认识到三类空间的重要作用,对引导开展相应非正式学习空间的实践建设具有一定的指导意义。最后,已有研究认识到了非正式学习空间评价的重要性,试图从师生体验调查和空间评价理论建构两个方面展开分析,其中师生体验调查丰富了人们对不同类型非正式学习空间的感受与认知,需要开展使用后评价等理念拓展了非正式学习空间评价理论建设的方向,应该说对未来更为科学合理评价非正式学习空间具有指引意义。

尽管学术界对学校非正式学习空间设计的相关理论与实践研究成果已经不少,然而普遍缺乏对上述研究的全面梳理与体系化分析,总体上人们对学校非正式学习空间的设计研究还不十分成熟。首先,设计的理论体系还十分薄弱,尚没有一项研究能涵盖学校非正式学习空间建设的现状分析、设计的理论基础、设计的方法、设计的策略、设计的实践应用等,从理论到实践一以贯之地展开富有学理性与成体系的研究,即在完整理论体系视角下不同专题内容环环相扣的研究,确切地说还没有形成,亟待开展体系化的理论研究。诚如埃利斯和戈德耶(Ellis,R. & Goodyear,P.)所指出,现有研究在理论上还相当薄弱,仍然倾向于把学习空间作为校园基础设施的管理问题,用日常观念来理解[1],这种研究思路十分不利于学习空间设计的发展。其次,已有研究的跨学科视角仍有待加强,大部分研究是从单一学科视角,如教育学视角或建筑学视角切入非正式学习空间的设计研究,而学校非正式学习空间的设

---

[1]　Ellis,R. & Goodyear,P. Models of Learning Space:Integrating Research on Space,Place and Learning in Higher Education[J]. Review of Education,2016,4(2):149-191.

计,恰恰需要从建筑学、教育学、环境心理学特别是学习科学等跨学科视角介入研究。因此,需要融通不同学科而开展跨学科研究,特别是要融合教育学和建筑学两个学科。再次,绝大部分研究的理论与实践"汇通性"不足,彼此仍然存在较大的学术割裂。非正式学习空间的设计研究,是一个理论探讨与实践应用很强的学术领域,仅有理论探讨或仅有具体案例分享,都不利于相关观点与做法的普遍推广。换言之,需要促进理论探讨与实践应用的"紧密汇通",体现理论研究与实践应用的"一体化"导向,形成理论成果与实践应用的"相辅相成"关系,从而为广大学校推进非正式学习空间建设提供"有理有例"的学术依据与实践范例,进而发挥更具实践应用导向的学术价值。最后,已有理论或案例研究的结论,尚没有很好体现"实践是检验真理的唯一标准"的理念,需要加强在真实学校中的实践应用检验。相关成果只有经过实践的磨炼和认可,融合循证设计与迭代优化等设计思想,方能具有更好的应用性与可推广性。上述研究不足,也将构成本研究深入研究的核心内容。

第四节 研究问题、思路与方法

本研究是一项理论探究与实践应用相融合的跨学科研究,结合已有学术研究进展,兹开展多个问题的研究,并采用基于设计的研究、需求调查法和案例研究等方法。

一、主要研究对象

本研究的主要对象是学校的非正式学习空间。这些空间位于广大学校的校园之中,是师生日常教育教学活动的重要"物理空间",既包括室内的非正式学习空间,也包括室外的非正式学习空间;既有位于教学楼的非正式学习空间,如图书馆、报告厅、项目化学习空间等,也有位于食堂、寝室等后勤场所的非正式学习空间。

有些类别非正式学习空间,并非本研究的范围。学校师生线上学习与线下学习相结合的混合学习空间,属于本研究的范围;若是纯粹线上的非正式学习空间,也称为虚拟非正式学习空间,如线上虚拟学习社区,则不是本研究的范围。学校师生可开展非正式学习的空间,还包括位于校园外的博物馆、科技馆、历史文化馆、植物园、劳动教育基地等物理场所,此类空间的性质、功能与建设方式,与位于学校校园中的非正式学习空间建设,具有较大的差别,同样不是本研究的范围。

本研究相关案例研究所覆盖的学校主要是基础教育,含学前教育、小学、初中和高中,包括托班、幼儿园、实施九年义务教育的小学、初中或九年一贯制学校,以及普通高中和中等职业学校,部分学校案例为十二年一贯制或十五年一贯制。事实上,高等教育学校的非正式学习空间的设计,与基础教育学校亦有很大的相似之处,特别是空间设计的基础理论、设计方法和设计策略等多有共性,因此本书的相关成果对高等教育学校同样具有适用性。

二、核心研究问题

英国前首相丘吉尔(Churchill, W.)有句经典名言:"我们塑造了建筑,然后建筑反过来也影响我们。"纵观现有研究,学校非正式学习空间对师生的重要价值与影响,总体上已经有了十分清晰的认知,可以说对"建筑反过来也影响我们"的作用方式、路径与结果,已形成了比较系统的学术研究。然而,现有的研究对"我们塑造了建筑",即我们如何塑造学校非正式学习空间的设计理论仍然有比较突出的研究不足。由此,并鉴于它是被广大学校"忘却"而忽视建设的重要学习空间,本研究的核心问题是"如何在学校中设计更好的非正式学习空间?",具体可分为如下问题:

第一,建设现状的研究与分析。当代我国学校的非正式学习空间建设,究竟面临怎样的理论与实践挑战?学校师生又有哪些使用需求?国内外先进学校推进非正式学习空间建设有哪些改革做法?

第二,非正式学习空间设计的理论建构。从学习科学、社会科学等视角,哪些学说对非正式学习空间的设计具有重要的学理指导作用?从建筑学和教育学的视角,非正式学习空间的设计应有怎样的设计理念与设计原则?

第三,非正式学习空间的设计方法和设计策略研究。一方面,非正式学习空间从"虚"向"实"物化的设计全过程中,在整个流程的前、中、后三个阶段,究竟要有怎样的设计方法,促进设计的"循证设计"与"迭代优化"?如何确保设计前阶段需求的深入融合、设计中阶段的科学设计和设计后阶段建成空间的持续完善?另一方面,在新建、已建或改建的学校中,究竟要怎样革新设计思想,让"忘却"的非正式学习空间得以"复现"在校园中,不同的校园空间中究竟可以有哪些现实可行的设计策略?相关设计策略是否有可参考的真实性应用案例?

第四,分类非正式学习空间的真实设计实例。学校非正式学习空间设计的理论研究成果究竟如何"下沉"应用到具体的非正式学习空间之中?由此,需要结合学校中最具有应用需求的三类空间,结合真实学校真实空间的真实性设计案例,以图文并茂的方式示范如何汇通理论与实践应用,即如何将设计思想融入具体空间的设计案例中。

三、研究思路与方法

面向学校非正式学习的空间研究及其设计,要深入认知空间背后的"复杂性"与"动态性"。换言之,要重视学习环境中复杂非线性关系的探究,非正式学习空间的设计,其核心特征是"由实践引起的理论研究,要在实践中检验和修正理论,在连续迭代中达成理论的精细化",从而实现理论与实践的互促互长。[①] 由此,本课题的研究思路沿着"需求分析→理论构建→设计方法与策略建构→空间设计→实施检验→迭代优化→理论构建"这一闭环循环展开。形成从现状出发,由理论到实践,再从实践到理论的交互循环,通过面向真实学校的真实性学习空间的实验性迭代反馈与设计,不仅实现非正式学习空间设计理论的检验,同时形成相应具有示范意义的空间设计实例。

对非正式学习空间设计的研究,应当重视需求调查。不少研究采用视觉民族志的研究方法,如运用摄影绘图技术,以了解学生对非正式学习空间的使用模式和偏好[②];也有研究采用视觉绘图技术和随行访谈法[③],通过量与质相结合的方法,让参与者分享他们的经验、看法和他们对走过的非正式学习空间的评议[④]。此类定性人种学方法,对发现非正式学习空间背后的价值观念、真实需求与行为模式,是一种有价值的研究工具。但也存在一定的局限性,即随行访谈中所获得的信息容易受访谈者当时的想法与认知局限。由于

---

① Brown,A. L. Design Experiments:Theoretical and Methodological Challenges in Creating Complex Interventions[J].Journal of the Learning Sciences,1992,2(2):141-178.

② Harrop,D. & Turpin,B. A Study Exploring Learners' Informal Learning Space Behaviors, Attitudes and Preferences[J].New Review of Academic Librarianship,2013,19(1):58-77.

③ 英文为 walk with interviews,即随行访谈。由于研究过程富有情境性,更能激发相关思考和回忆,有助于揭示更深入的日常经验,并可能引发未经预先准备的反应。因此能获得更多有价值的信息。

④ Cox,A.M. Space and Embodiment in Informal Learning[J]. Higher Education,2018,75:1077-1090.

非正式学习空间各类要素的设计,是面向全体人员在多种学习场景下的设计,不同需求的平衡与取舍是设计过程中持续出现与动态完善的行为。因此,上述方法在本研究中也将使用,并结合其局限性作进一步优化。

本研究采用多种研究方法,主要是基于设计的研究法、需求调查法和案例研究法。一是基于设计的研究法,它是一种系统但灵活的方法,旨在通过迭代分析、设计、开发和实施,基于现实世界环境中研究人员和利益相关者之间的合作,形成上下文情景敏感的设计原则和理论。[①] 该方法有利于促进学习空间的设计理论与设计实践之间始终形成"沟通评估"机制与"迭代优化"机制,结合基于循证的设计,不仅有利于形成经过实践检验的设计理论,也有利于形成合理理论指导下的优质设计。

二是需求调查法。一方面,在研究过程中为全面了解不同类型非正式学习空间的设计需求,课题组走访了 43 所学校,采用现场观察、摄影绘图技术和随行访谈等方法了解需求,并同时从学校处获取了办学理念、学校发展规划、基础空间图纸等方面的资料,旨在深入了解调研学校的空间设计需求。结合基于设计的研究法,课题组在所调研学校有设计需求的空间,展开了基于真实学校的真实性非正式学习空间的设计,且设计形成的成果经过由各学校组织的设计成果评审,并最终应用于这些学校的非正式学习空间建设。换言之,设计形成的成果全程进行了真实性实践检验。另一方面,课题组采用问卷法进行了调研。本研究编制了两套匿名问卷展开调查,旨在了解不同群体人员对非正式学习空间的使用需求。两份问卷调查的核心主题均为学校的非正式学习空间,面向师生分别发放。在问卷中除了个人基本信息选项外,有一大半问题是一致的。所编问卷经过专家研讨会专题评议,在大面积

---

① Wang,F. & Hannafin,M. J. Design-Based Research and Technology-Enhanced Learning Environments [J]. Educational Technology Research and Development,2005,53(4):5-23.

发放前开展了 50 人取样规模的小范围调查,经评估确认后展开大范围调查。研究获得了较大样本的调查数据,覆盖浙江、山东、江苏、湖北、四川等地区的 57 所学校。共计发放学生问卷 1250 份,回收有效问卷 1225 份,有效率 98.0%,其中男生 638 人,女生 587 人。发放教师问卷 420 份,回收有效问卷 415 份,有效率 98.8%,其中男教师 121 人,女教师 294 人。师生两份问卷的所在学段情况见表 1-4。

表 1-4　学生和教师调查问卷所在学段　　　　　　　单位:人

	小学学段	初中学段	高中学段
学生有效问卷	572	329	324
教师有效问卷	216	41	158

三是案例研究法。一方面,主要国家先进学校的个案研究。采用比较教育研究法,课题组遴选了美国、英国、冰岛和中国近年来新建的学校,展开了专题个案研究。另一方面,开展了非正式学习空间真实性设计实例的个案研究,即运用本课题的设计理论成果,所进行的真实空间建设案例的研究,旨在全面呈现将设计思想融入具体空间的真实性实践。

第二章

我国学校非正式学习空间
建设现状与挑战

　　如今，非正式学习的价值重新受到积极认可。尽管人类开展非正式学习的历史源远流长，并在人类文明史进程中发挥着重要的作用。然而如前文所述，全球各国学校的非正式学习空间建设，多数经历了普遍设置到逐步消亡，并自二战以后又逐步回归学校的发展历程，这是人们对非正式学习空间价值认识变迁与价值重新发现的过程。

　　我国学校的非正式学习空间建设，仍然面临政府和学校等决策层的上位理念与一线师生使用实践两个维度的不少现实问题。面对当代基础教育发展的新理念与新趋势，不仅需要在理论层面加强多方面的学术研究，将相关建设理念与要求进一步转化为国家教育政策、设计规范与建设标准，也需要在实践层面提升广大师生的认知素养，加大在学校中建设非正式学习空间的力度和广度，让非正式学习空间更好地惠及师生。

第一节　上位理念不重视非正式学习空间建设

　　当前，不少学校中正式学习空间仍是学校空间设计的主角，而对非正式学习空间几乎未加以重视。① 政府上位建规的"引领"缺乏,易使相关建设主体对非正式学习空间出现"群体无意识",并对广大学校的校园建设产生长期的不利影响。

推进我国学校建设非正式学习空间,不仅需要赋予学校开展非正式学习空间建设的正当性与合理性,即能从国家或地方政府发布的相关规范中找到相关建设标准或依据,也需要赋予建设主体具有能开展相关空间建设的执行能力与可行性,即认识到非正式学习空间的重要性,并在具体学习空间的规划与设计上拥有良好设计理念与建设思路,最终能在学校中建成非正式学习空间。上述两个方面仍是当前我国学校非正式学习空间建设在政策与规范、建设观念上的重大现实挑战。

一、政府学校设计建规长期存在条文空白

我国学校的校园设计涉及众多建筑规范、设计标准及其他相关条文。近几十年来,为更好指导与规划数以万计的新建、改建或重建学校,我国出台了不少涉及学校建设的规范性文件。尽管学术界对学习空间的设计强调循证设计理念,大力倡导基于证据的学习环境设计②,但是在学校建设项目中,源自不同领域的循证设计成果而编制形成的设计规范和建设标准,其对学习空间的设计规范与标准指引更具系统性、可操作性和便捷可查性,因此更受欢迎。由此,我国一贯重视学校建设领域的相关规范与标准研制,一方面,最为

---

①　邵兴江,张佳.非正式学习空间:学校创新规划与设计的新重点[J].上海教育,2018(19):53-54.

②　Imms, W. & Kvan, T. Teacher Transition into Innovative Learning Environments[M]. Singapore: Springer, 2020:12.

核心与重大的相关建标由国务院下属的国家标准化管理委员会直接牵头编制①,另一方面,教育部、住房和城乡建设部,以及各省份教育主管部门等结合具体工作需要,也牵头研制并颁布了不少与学校建设相关的设计规范与建设标准。上述部门制定的文件中,大部分是学校建筑规划与设计必须遵循的设计建规,即便不是必须遵循的设计规范或建设标准,它们对提高学习空间建设的科学性、标准化与适用性,守住学习空间建设质量的合格底线,也具有十分重要的价值。

学校建筑相关规范标准类文件主要分为三类。一是全国性设计规范,如《中小学校设计规范》(GB50099—2011)、《图书馆建筑设计规范》(JGJ38—2015)、《宿舍建筑设计规范》(JGJ36—2016)、《体育建筑设计规范》(JGJ31—2003)等,特别是《中小学校设计规范》是所有新建、扩建或改建学校都须严格遵守的专门性设计规范,这些规范很多条文的执行具有强制性。二是国家或地方颁布的学校建设标准,如全国性的《农村普通中小学校建设标准》(建标〔2008〕159号)、《城市普通中小学校校舍建设标准》(建标〔2002〕102号)等,很多省份还颁布有本省份的学校建设标准,如浙江省《九年制义务教育普通学校建设标准》(DB33/1018—2005)、《寄宿制普通高级中学建设标准》(DB33/1025—2006)、《广东省义务教育标准化学校标准》(粤教基〔2013〕17号)等,这些标准在实际执行中具有一定刚性,是所在省域的学校开展建设需要达到的合格标准。三是地方性学校建设标准指引,如深圳市《普通中小学校建设标准指引》(深发改〔2016〕494号)、温州市《关于基础教育学校建设标准的实施意见》(温政办〔2021〕53号)等,它们是各地政府针对辖区内学校建

---

① 该部门负责统筹下达国家标准计划,批准发布国家标准,审议并发布标准化政策与管理制度等重要文件,协调、指导和监督行业、地方、团体和企业标准工作等事项。参见国家标准化管理委员会.机构职责[EB/OL].[2021-11-9].http://www.sac.gov.cn/zzjg/jgzz/。

设专门发布的更为具体详实的专门性建设指引文件,在实际执行中往往刚性与弹性并存。

虽然我国针对广大学校的校园空间建设颁布了众多文件,学术界对非正式学习空间的内涵、类型、价值、设计理念、建设要素、空间评价等方面也开展了不少研究,但是全球尚没有一个国家或地方政府正式颁布学校非正式学习空间建设的规范或标准,甚至不太具有约束性的空间建设导引也鲜有发布,致使广大学校非正式学习空间的建设难有相关标准或指引可参照。目前,我国学校建筑类设计规范和建设标准等文件,在推动学校非正式学习空间的建设方面仍然存在三个大的挑战。

第一,宏观认知上现行设计建规缺乏"学习空间连续体"观,相关文件对非正式学习空间的建设常常视而不见。人们已清晰认识到校园既包括以普通教室、实验室等为代表的具有相对封闭性特征的正式学习空间,也包括以图书馆、走廊学习街、草坪等为代表的具有相对开放性特征的非正式学习空间。校园是由各类非结构化、半结构化和结构化空间组成的学习空间连续体,是一个整体的学习空间。[①] 然而,几乎所有省级以上的建规文件只关注正式学习空间的建设,如《中小学校设计规范》规定"中小学校的教学及教学辅助用房应包括普通教室、专业教室、公共教学用房及各自的辅助用房"[②],非正式学习空间几乎不提。《城市普通中小学校校舍建设标准》规定"校舍由教学及教学辅助用房、办公用房、生活服务用房三部分组成",如完全小学,需设置"普通教室;自然教室、音乐教室、美术教室、书法教室、语言教室、计算机教室、劳动教室等专用教室和辅助用房;多功能教室、图书室、科技活动室、心理

---

① 陈向东,等.从课堂到草坪——校园学习空间连续体的建构[J].中国电化教育,2010(11):1-6.
② 住房和城乡建设部.中小学校设计规范[S].北京:中国建筑工业出版社,2011:10.

咨询室、体育活动室等公共教学用房及其辅助用房"[①]，具有开放性特征的学习空间除了图书馆、科技活动室外，涉及的其他功能用房都比较少。浙江省的《九年制义务教育普通学校建设标准》，与国家城市校舍建设标准一样，也无过多涉及非正式学习空间设置的相关表述。

第二，中观指标上现行设计建规对非正式学习空间面积指标的体现力度不够。学校各类空间的建设面积标准指标，主要在学校建设标准文件中进行表述，然而对非正式学习空间的面积指标表述力度不强。一方面，国家现行有效的《城市普通中小学校校舍建设标准》《农村普通中小学校建设标准》，抑或浙江省的《九年制义务教育普通学校建设标准》《寄宿制普通高级中学建设标准》等文件，仅对门厅、图书馆、德育展览室等少量具有非正式学习空间特征的用房给予了具体面积指标，其他类型的非正式学习空间几乎无任何面积指标。另一方面，有潜力能兼作非正式学习空间的相关功能空间，建设标准所给予的面积指标约束了它能兼作非正式学习空间的潜力，如教学楼走廊空间，它既是学校主要的交通空间，也是重要的非正式学习空间，然而绝大部分学校走廊宽度只有 1.80—3.0 米，走廊不够宽敞很大程度上弱化了走廊的非正式学习功能。可喜的是，部分地方政府开始意识到了非正式学习空间对于校园建设的重要性，在本辖区发布的相关学校建设文件中对非正式学习空间建设作了明确规定，如温州市明确提出要"重视开放灵活的非正式学习空间建设"[②]，并在该市配套颁布的《温州市基础教育学校建设标准实施导则》中进一步提出"门厅、教学走廊、架空层、露台等空间在传统功能基础上，宜丰富空间形态，多考虑非正式学习功能"，并给予了详细的使用面积指标（见表 2-1）。[③]

---

① 教育部.城市普通中小学校校舍建设标准:建标〔2002〕102 号[S].2002-04-17:2.
② 温州市人民政府办公室.关于基础教育学校建设标准的实施意见:温政办〔2021〕53 号[A].2021-8-18.
③ 温州市教育局.温州市基础教育学校建设标准实施导则:温教建〔2022〕179 号[A].2022-12-21.

表 2-1　温州市中小学校非正式学习空间使用面积指标　　　　单位:m²

班级规模	小学	初中	高中
18 班	120	120	240
24 班	160	180	320
30 班	200	220	400
36 班	240	260	450
48 班	—	300	500

　　注:该导则除了专门的非正式学习空间面积指标外,还设有开放艺廊、文化门厅、社团及 PBL 教室等其他具有非正式学习空间性质的功能用房。

　　第三,微观导引上对各类非正式学习空间的具体设计缺乏深入描述。在相关规范和标准中,除了图书馆空间外,仅有部分文件对一些室内空间的非正式学习功能作出了较为具体的描述,如"教学楼的门厅除集散功能外,还具有滞留、小憩、传递信息、展示等功能,可根据需要适当扩大门厅的面积"[①]。对其他室内空间的非正式学习功能描述,则语焉不详。而对位于校园景观或户外的非正式学习功能,所有文件都没有相关描述。这与学校空间的正式学习功能描述形成了鲜明反差,以浙江省的小学普通教室建设为例,相关重要文件包括《中小学校设计规范》、《中小学校教室采光和照明卫生标准》(GB7793—2010)、《中小学校教室换气卫生要求》(GB/T17226—2017)、《中小学校普通教室照明设计安装卫生要求》(GB/T36876—2018)、《九年制义务学校建设标准》、《浙江省中小学教育技术装备标准》(浙教办函〔2020〕36 号)、《中小学校护眼灯光改造工程技术规范》(浙教办技〔2021〕8 号)等,可以说对普通教室的建筑、装饰、设施与装备等方面提供了详细的建设指引。显然,加强学校非正式学习空间建设的学理指引,已是重要的时代课题。

　　纵观各类校园基本建设的设计规范与建设标准,总体上缺乏不同类型空

---

① 浙江省建设厅.九年制义务学校建设标准(DB33/1018 – 2005):建科发〔2005〕58 号[S].2005-04-01:14.

间生态式合理组合的"学习空间连续体"理念,也缺乏非正式学习空间建设的详实导引。存在只重视正式学习空间而轻视非正式学习空间,或只重视图书馆等少数非正式学习空间,缺少从校园整体视角统筹构建类型丰富的非正式学习空间体系等重要问题。因此,需要大力加强各类学习空间类型与规模的合理设置,重点增加非正式学习空间的配置。在实际建设中,各级学校应基于整体性、适用性、易达性、丰富性等理念,有序次、成体系地建设选址合理、大小合适、形式多样、功能完善的非正式学习空间,并与正式学习空间共同建构相辅相成的"学习空间连续体"。

二、学校对建设非正式学习空间存在认知欠缺

我国每年建设大量的学校,但对校园建设引入非正式学习空间仍然缺乏足够的意识。2020 年,我国小学、初中和普通高中当年新增校舍建筑面积分别达 3964 万平方米、3729 万平方米和 3106 万平方米,整体新建校舍工程量巨大。[①] 按每平方米造价 4000 元计算,每年校舍新建投资超 4300 亿元。尽管空间建设面积和相关投资巨大,但大部分学校忽视非正式学习空间的建设,不仅表现在校园空间规划设计阶段缺乏非正式学习空间理念的引入,设计团队忽视对非正式学习需求的充分考虑甚至很多设计单位浑然不知非正式学习,也体现在校园建成后师生对空间的使用局限在以普通教室为代表的正式学习空间,有意无意忽视了校园非正式学习空间。总体上,学校建设非正式学习空间还存在四种认知欠缺。

第一,工程设计机构对非正式学习普遍缺乏"理论认知",开展相应空间

---

① 教育部.2020 年教育统计数据[R].2021-08-29.

设计的能力不强。在学校建设工程中建筑师是将"无形教育理念"转化为"有形学习空间"的关键角色,其作用是"综合考虑现代教育理念、地形地貌、功能组成等因素,以营造培养现代化人才的空间环境"。[①] 尽管人们认为学校设计需要将"现代教育理念融于新校园的规划设计当中"[②],但是当代中国绝大部分建筑设计公司的学校设计理念仍基本停留在传统的以单一"知识灌输教学"为本位的阶段,并未对近年来的教育革新和学习科学发展作出积极回应,难以适应"学生多元发展"和"学校个性化办学"的要求。[③] 确切地说,绝大多数建筑师对学校教育的认知基本停留在"自己曾经上学年代",普遍缺乏深厚的教育学背景知识,不少甚至从没听闻非正式学习的概念。在建筑设计实践中,能将教育建筑理解为"在当代不再仅仅是建筑师单纯追求其艺术旨趣的物化表现,而逐渐作为教学活动的载体,体现其立足教育、服务孩子的深层属性"的建筑师[④],更是少之又少。建筑设计师对非正式学习相关理论认知的缺乏,已成为校园引入非正式学习空间的重要阻碍因素。

第二,非正式学习空间的设计缺乏"教育场景"观,难以深度服务师生需求。不少学校学习空间的设计引入了非正式学习,但对非正式学习空间的设计观念大部分仍停留在"静态"视角下的物理功能设计,缺乏基于"动态"视角的教育场景化设计,没有认识到师生是基于空间的场景式学习。所谓教育场景,是围绕师生教与学活动目标的动态变化情景。而场景式学习是一种学习新形态,即在动态的教育场景中学生通过积极主动、探究、学以致用的方式解决真实问题,从而实现能力的持续提升与更好发展。[⑤] 一个学习空间的设计

---

① 何镜堂,郭卫宏,吴中平.现代教育理念与校园空间形态[J].建筑师,2004(1):38-45.
② 教育部.2020 年教育统计数据[R].2021-08-29.
③ 邵兴江.是到了革新学校建筑的时候[J].人民教育,2016(9):64-67.
④ 朱睿,吴震陵,徐新华.探索综合化教育空间设计[J].建筑与文化,2019(11):95-96.
⑤ 陈耀华,等.发展场景式学习促进教育改革研究[J].中国电化教育,2022(3):75-80.

成功与否,很大程度上依赖于它对具体学习活动的支持程度[①],即空间与相应教育场景的匹配度。空间设计缺乏教育场景的观念,突出表现为将教与学活动从建筑空间中剥离出来,对校园学习空间的研究并未与具体教学实践相关联。[②] 当前我国学校的非正式学习空间建设,普遍存在与教学弱融合、与课程低关联、与场景不衔接等典型症结,以致空间缺少以师生需求为中心的场景化服务。未来非正式学习空间的设计,急需加强动态性与过程性的视角,聚焦不同学习活动的场景化需求而配置相应资源,应体现一定的灵活性即允许场景可自由切换,上述理念应成为未来创新建设的重要方向。

第三,学校管理者对非正式学习空间的重要性缺乏"理论认知",开展相应空间建设的动力不强。在我国当代学校中,很多校长普遍缺乏建设非正式学习空间的意识,未能充分认识到非正式学习空间对师生成长的重要价值。大部分学校的育人工作仍然没有超越"课堂为王"的藩篱,将日常工作重心放在常规课堂与正式学习。很多校长仍以"决战课堂"为主阵地,不少校长以动辄每间上百万元巨资打造的"豪华教室"为学校品宣亮点,而非正式学习空间则很难进入他们的"法眼"。甚至不少校长从未听闻过非正式学习,更别提如何建设非正式学习空间。概言之,既缺乏对非正式学习空间重要性的深度认识,也缺乏如何高品质推进非正式学习空间建设的理念与思路,学校管理层上位理念的局限限制了非正式学习空间的普及。

第四,建成非正式学习空间的使用认知缺乏"持续改进"观,未能实现价值的不断提升。不少学校投入使用的非正式学习空间常存在两个重要观念问题:一是因需求变化或前期设计考虑不周,忽视通过后续布局优化、设施调

---

① Gislason,N. Architectural Design and the Learning Environment:A Framework for School Design Research[J]. Learning Environments Research,2010,13(4):127-145.

② 朱睿,吴震陵,徐新华.探索综合化教育空间设计[J].建筑与文化,2019(11):95-96.

整或增添设备等方式推动空间的不断优化,从而导致建成空间没能更好满足不同教育场景的使用需要;二是忽视持续提升非正式学习空间的场所感,事实上空间是重要的育人场所,空间背后富有"场所精神"并可随着所开展的育人实践活动而不断积淀[1],因此要高度重视师生在空间中的场所体验并丰富场所记忆,促进师生与场所建立意义连接,从而推动师生对空间的情感依恋、身份认同与功能依赖[2],继而持续提升空间的物理价值与精神价值。因此,学校对建成的非正式学习空间应有质量持续改进观,始终以师生需求为中心,不断完善空间并提升空间的价值,最大可能让非正式学习空间能持续优质地服务师生。

因此,学校非正式学习空间的设计应着力加强上位设计理念引领,不仅需要深入了解非正式学习,也需要将非正式学习的理念与具体物理空间的设计实现有机融合,真正赋予空间教育灵魂。

第二节　一线师生对非正式学习空间
的现状认知与需求分析

非正式学习曾是原始人类进化过程中最具普遍性的学习方式,即便到了苏格拉底、孔子时代,非正式学习仍是当时人们比较重要的学习方式之一。自西方工业革命以来,伴随学习内容的固定化和标准化,特别是"班级授课制"的广泛普及,学校教育普遍被"进化"为按课表高效率运转的"灌输育人"

---

① 邵兴江.学校建筑:教育意蕴与文化价值[M].北京:教育科学出版社,2012:2.
② 赵瑞军,陈向东.空间转向中的场所感:面向未来的学习空间研究新视角[J].远程教育杂志,2019(5):95-103.

模式,非正式学习则因"传授低效"而被"边缘化"。

如今,人们再一次充分认识到非正式学习对师生发展的重要作用。大力加强面向师生的非正式学习空间建设,需站在师生为使用主体的视角认知非正式学习空间,有必要通过大范围的样本调查,一方面充分了解师生对学校现有非正式学习空间的认知与使用情况,另一方面深入认识师生对未来非正式学习空间的建设要求。

一、取样与信效度说明

研究在多个省份57所学校开展了问卷调查,主要包括浙江、山东、江苏、湖北、四川等地区。问卷采用问卷星平台(www.wjx.cn)进行发放,师生通过专用网址或扫描二维码进行线上问卷填写。共计发放学生问卷1250份,回收有效问卷1225份,有效率98.0%,其中男生638人,女生587人。发放教师问卷420份,回收有效问卷415份,有效率98.8%,其中男教师121人,女教师294人。两份问卷调查对象的人口统计学特征见表2-2和表2-3。从人口统计学特征数据结果看,调查对象各类特征指标的样本覆盖情况良好,具有良好的代表性。

表 2-2　教师的人口统计学特征(N=415)

题项	选项	频数	百分比(%)
性别	男	121	29.16
	女	294	70.84
学段	小学	216	52.05
	初中	41	9.88
	高中	158	38.07

续表

题项	选项	频数	百分比（%）
是否师范生	是	336	80.96
	否	79	19.04
年龄段	50后	3	0.72
	60后	24	5.78
	70后	106	25.54
	80后	148	35.66
	90后	134	32.29
	00后	0	0
最高学历	中专及以下	1	0.24
	大专	7	1.69
	本科	357	86.02
	硕士	49	11.81
	博士	1	0.24
职称情况	三级	9	2.17
	二级	145	34.94
	一级	157	37.83
	副高	96	23.13
	正高	1	0.24
	其他	7	1.69
职务情况	校长助理以上管理者	11	2.65
	学校中层干部	46	11.08
	普通教学岗教师	355	85.54
	工勤等其他人员	3	0.72
合　计		415	100

注：百分比数据经过四舍五入处理，下表同。

表 2-3　学生的人口统计学特征（N＝1225）

题项	选项	频数	百分比（%）
性别	男	638	52.08
	女	587	47.92
学段	小学	572	46.69
	初中	329	26.85
	高中	324	26.44
家庭居住地	城区	810	66.12
	乡镇（含村）	415	33.88
参加学生会的情况	学生会的干部	135	11.02
	学生会的干事	150	12.24
	没有参加学生会	940	76.73
参加学生社团的情况	社团管理人员	122	9.96
	社团普通社员	565	46.12
	没有参加社团	538	43.92
学业表现位次	前 20%	351	28.65
	20%—40%	347	28.33
	40%—60%	286	23.35
	60%—80%	172	14.04
	后 20%	69	5.63
家庭人均年收入	5 万元以下	165	13.47
	5 万—10 万元	326	26.61
	10 万—20 万元	359	29.31
	20 万—30 万元	179	14.61
	30 万元以上	196	16.00

续表

题项	选项	频数	百分比（%）
父亲最高学历	初中及以下	261	21.31
	高中（或中专）	308	25.14
	大专	210	17.14
	本科	328	26.78
	研究生及以上	118	9.63
	其他	7	1.69
母亲最高学历	初中及以下	301	24.57
	高中（或中专）	278	22.69
	大专	236	19.27
	本科	317	25.88
	研究生及以上	93	7.59
合　计		1225	100

　　研究对两份问卷量表题样本数据值的分布形态进行了正态性检验。相关问卷选项采用李克特五分度量表法，计数最小是1，计数最大是5。采用SPSS22.0对各类变量的最小值、最大值、平均值、标准差、中位数、峰度和偏度等值进行了计算，相关数据没有出现异常值，可以进行后续描述性统计等分析。

　　研究对两份问卷的矩阵单选题进行了信度分析。采用Cronbach α 系数作为信度指标，用SPSS22.0软件对相关量表展开信度分析。结果表明不论是教师问卷还是学生问卷，在"您对现有非正式学习空间的客观评价"和"您认为非正式学习空间的哪些特征对'使用满意度'很重要"两个大题中，Cronbach α 系数均在0.9以上，远大于0.8，说明上述题目的信度非常高。且量表每个子维度的分项 α 系数也都大于0.8，表明所使用的量表具有很高的稳定性和内部一致性（见表2-4、表2-5）。

表 2-4 "您对现有非正式学习空间的客观评价"的信度分析

题项	教师问卷 Cronbach α 系数		学生问卷 Cronbach α 系数	
空间数量充足	0.979		0.962	
空间选址合理	0.973	0.981	0.955	0.971
能满足你的需求	0.972		0.958	
空间被使用率高	0.973		0.969	

表 2-5 "您认为非正式学习空间的哪些特征对'使用满意度'很重要"的信度分析

题项	教师问卷 Cronbach α 系数		学生问卷 Cronbach α 系数	
空间可达性好	0.977		0.969	
空间类型丰富可选	0.976		0.968	
空间能互动交流	0.977		0.970	
空间安全有归属感	0.976		0.968	
空间不易被干扰	0.977		0.969	
设施设备能及时响应学习需求	0.976	0.979	0.969	0.972
照明声学等设计舒适合理	0.977		0.969	
学习资源丰富	0.976		0.968	
学习氛围浓郁	0.976		0.969	
有食品饮品供应	0.983		0.977	
自然景观好	0.978		0.969	

  研究采用 SPSS22.0 软件,对两份问卷的矩阵单选题进行了效度分析。效度研究用于分析研究项是否合理或有意义。效度分析使用因子分析这种数据分析方法进行研究,分别通过 KMO 值、共同度、方差解释率值、因子载荷系数值等指标进行综合分析,以验证出数据的效度水平情况。KMO 值用于判断信息提取的适合程度,共同度值用于排除不合理研究项,方差解释率值用于说明信息提取水平,因子载荷系数则用于衡量因子(维度)和题

项对应关系。

问卷具有良好的效度。所有研究项对应的共同度值均高于 0.4，说明研究项信息可以被有效地提取。KMO 值均大于 0.8，研究数据非常适合提取信息。因子的累积方差解释率值均大于 90%，意味着研究项的信息量可以有效地提取出来。因子载荷系数绝对值大于 0.4，即说明选项和因子有对应关系（见表 2-6、表 2-7）。

表 2-6　"您对现有非正式学习空间的客观评价"的效度分析

题项	教师问卷		学生问卷	
	因子载荷系数	共同度（公因子方差）	因子载荷系数	共同度（公因子方差）
空间数量充足	0.963	0.928	0.958	0.917
空间选址合理	0.975	0.950	0.972	0.945
能满足你的需求	0.977	0.955	0.966	0.933
空间被使用率高	0.974	0.949	0.941	0.886
特征根值	3.783	—	3.681	—
方差解释率%	94.563	—	92.026	—
累积方差解释率%	94.563	—	92.026	—
KMO 值	0.885	—	0.874	—
巴特球形值	2730.352	—	6865.636	—
df	6	—	6	—
p 值	0.000	—	0.000	—

表 2-7 "您认为非正式学习空间的哪些特征对'使用满意度'很重要"的效度分析

题项	教师问卷		学生问卷	
	因子载荷系数	共同度（公因子方差）	因子载荷系数	共同度（公因子方差）
空间可达性好	0.916	0.839	0.916	0.840
空间类型丰富可选	0.942	0.888	0.932	0.869
空间能互动交流	0.908	0.825	0.859	0.738
空间安全有归属感	0.940	0.883	0.923	0.853
空间不易被干扰	0.932	0.869	0.897	0.804
设施设备能及时响应学习需求	0.949	0.901	0.908	0.825
照明声学等设计舒适合理	0.933	0.871	0.930	0.865
学习资源丰富	0.949	0.900	0.940	0.883
学习氛围浓郁	0.944	0.891	0.929	0.863
有食品饮品供应	0.764	0.583	0.729	0.531
自然景观好	0.895	0.802	0.886	0.785
特征根值	9.251	—	8.855	—
方差解释率%	84.097	—	80.497	—
累积方差解释率%	84.097	—	80.497	—
KMO 值	0.952	—	0.950	—
巴特球形值	7498.488	—	19593.291	—
df	55	—	55	—
p 值	0.000	—	0.000	—

综上各方面的分析，本研究所采用的问卷具有良好的研究信度和效度，可以进行后续相关研究与分析。

二、师生使用学校非正式学习空间的现状

学校师生使用学校非正式学习空间,对不同类型空间使用需求存在一定的差异,受欢迎程度不尽相同。不同学段的师生每周使用学校非正式学习空间,在使用频次上也有很大差别,学生比教师使用非正式学习空间的频次更高。师生对现有非正式学习空间的客观评价存在一定的差异性。

(一)师生使用非正式学习空间开展活动的喜好差异

教师使用学校非正式学习空间开展相关活动,主要类型有个人研修备课、小型交流讨论(2—3人)、小组合作讨论(4—6人)、大组集体交流(7人及以上)、灵活使用(如沙龙、演讲、展览)、非学习类行为(如饮食、聊天)及其他活动等。本研究对教师使用情况展开了多选题调查,采用卡方拟合优度检验法,对本多选题的选项选择比例分布是否均匀展开了分析,检验结果呈现出显著性($chi2 = 179.654, p = 0.000 < 0.05$),即在选项的响应率与普及率上具有明显差异性,其中小型交流讨论、小组合作讨论、个人研修备课共3项的响应率和普及率明显较高(见表2-8)。运用帕累托图进行选项累计比例的可视化分析,按照"二八原则"进行数据分析,前80%的使用功能是小型交流讨论、小组合作讨论、个人研修备课、灵活使用,是主要活动类型;而非学习类行为、大组集体交流和其他需求等则需求较弱(见图2-1)。

表 2-8　教师使用非正式学习空间开展活动的喜好差异

题项	响应		普及率 ($n=415$) (%)
	n	响应率 (%)	
个人研修备课	145	17.53	34.94
小型交流讨论(2—3 人)	206	24.91	49.64
小组合作讨论(4—6 人)	149	18.02	35.90
大组集体交流(7 人及以上)	87	10.52	20.96
灵活使用(沙龙、演讲、展览)	128	15.48	30.84
非学习类行为(如饮食、聊天)	95	11.49	22.89
其他	17	2.06	4.10
合计	827	100	199.28

拟合优度检验: $\chi^2=179.654$ $p=0.000$

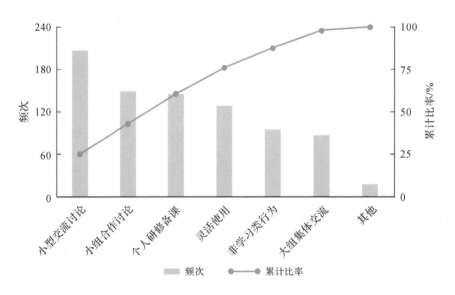

图 2-1　帕累托图分析教师使用非正式学习空间开展活动的喜好差异

学生使用学校非正式学习空间开展相关活动,主要类型有个人独自学习、小型交流学习(2—3 人)、小组合作讨论学习(4—6 人)、大组集体交流学习(7 人及以上)、灵活使用(如沙龙、演讲、展览)、非学习类行为(如饮食、聊天)及其他活动等。与上文方法一致,拟合优度检验结果呈现显著性($chi2=$777.623,$p=0.000<0.05$),即在选项的响应率和普及率上具有明显差异性,其中个人独自学习、小型交流学习、小组合作讨论学习共3项的响应率和普及率明显较高(见表2-9)。同样运用帕累托图进行选项累计比例的可视化分析,按照"二八原则"进行数据分析,前80%的使用功能是个人独自学习、小型交流学习、小组合作讨论学习、灵活使用,它们是主要活动类型;而非学习类行为、大组集体交流和其他需求等则需求较弱(见图2-2)。

表 2-9　学生使用非正式学习空间开展活动的喜好差异

题项	响应		普及率($n=415$)(%)
	n	响应率(%)	
个人独自学习	642	24.55	52.41
小型交流学习(2—3人)	613	23.44	50.04
小组合作讨论学习(4—6人)	494	18.89	40.33
大组集体交流学习(7人及以上)	244	9.33	19.92
灵活使用(沙龙、演讲、展览)	331	12.66	27.02
非学习类行为(如饮食、聊天)	255	9.75	20.82
其他	36	1.38	2.94
合计	2615	100	213.47

拟合优度检验:$\chi^2=777.623$　$p=0.000$

显然,师生使用学校非正式学习空间开展各类活动的喜好总体基本相近,但是教师的前两位活动喜好是小型交流讨论和小组合作讨论,而学生的前两位活动喜好是个人独自学习和小型交流学习,两类群体在前两位的互动喜好方面具有明显差异。上述结果也反映了如下差异化需求,教师通常有自己独立的办公桌,更希望用非正式学习空间开展小团体的互动交流和讨论,

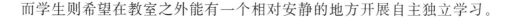

而学生则希望在教室之外能有一个相对安静的地方开展自主独立学习。

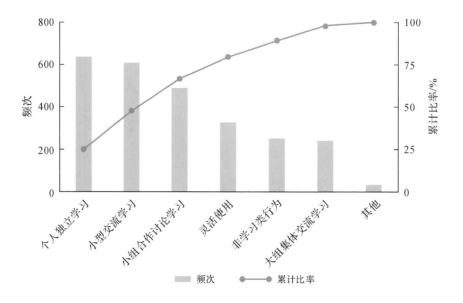

图 2-2　帕累托图分析学生使用非正式学习空间开展活动的喜好差异

（二）师生使用学校非正式学习空间的频次分析

师生对学校非正式学习空间的使用频次存在明显的差异。近一半教师一周中使用非正式学习空间的次数为<1 次，另有 41.69% 的教师一周中使用非正式学习空间的次数为 1—2 次，只有约 11% 的教师一周中使用非正式学习空间的次数超过 3 次。相反，学生一周中使用非正式学习空间的频次要高得多，37.88% 的学生一周中使用次数为 1—2 次，约 38% 的学生一周中使用次数超过 3 次（见图 2-3）。显然，学生比教师具有更强烈的使用学校非正式学习空间的需求，两者的需求具有显著性差异。

进一步细化分析，将教师每周使用学校非正式学习空间的频次与性别、年龄、学科和所处学段（此处将高中细分为普通高中和职业高中）等变量展开交叉分析，本研究发现不同性别、不同年龄、不同学科教师每周使用学校非正式学习空间的频次不会表现出显著性差异。但是不同学段的教师，对每周使用学校非正式学习空间的频次呈现显著性差异（$\chi^2 = 22.053, p = 0.009$）（见图 2-4）。具体而言，小学和初中教师的使用频次相对较低，而高中教师使用频次相对较高，其中职业高中教师的使用频次相对更为频繁。显然，随着学段上升，教师对非正式学习空间的需求呈现增长态势，尤其是职业高中教师的需求更为强烈。

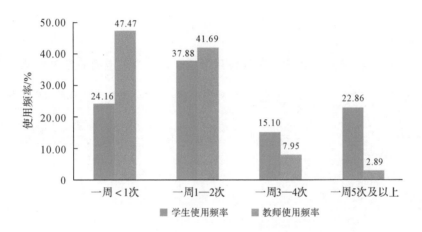

图 2-3　师生使用学校非正式学习空间的频次分析

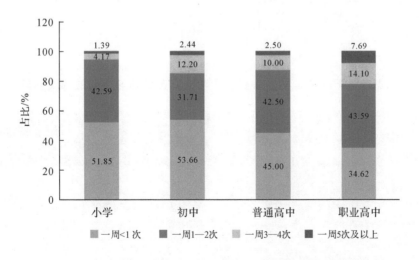

图 2-4　教师每周使用非正式学习空间频次的学段差异

进一步细化分析，将学生每周使用学校非正式学习空间的频次与学生性别、学业位次、所处学段、家庭居住地等变量展开交叉分析，发现不同性别、学业位次对于每周使用学校非正式学习空间的频次不会表现出显著性差异。但是学段变量,对于每周使用学校非正式学习空间的频次呈现显著性差异($\chi^2 = 118.46, p = 0.000$),其中小学生的需求量最大,高中次之,初中的需求量最小(见表2-10)。城乡居住地变量,对于每周使用学校非正式学习空间的频次呈现显著性差异($\chi^2 = 15.075, p = 0.002$),城区学生每周使用学校非正式学习空间具有更高的频次(见表2-11)。

表 2-10　不同学段学生每周使用学校非正式学习空间的频次差异

题项	使用频次	你的年级是(%)			总计	χ^2	p
		小学	初中	高中			
你用非正式学习空间的频率是每周几次?	一周<1次	18.53	35.87	22.22	296(24.16)	118.460	0.000**
	一周1—2次	33.22	42.25	41.67	464(37.88)		
	一周3—4次	12.94	15.2	18.83	185(15.10)		
	一周5次及以上	35.31	6.69	17.28	280(22.86)		
合计		572	329	324	1225		

$^*p<0.05$　$^{**}p<0.01$

表 2-11　不同城乡学生每周使用学校非正式学习空间的频次差异

题项	使用频次	你家居住地属于(%)		总计	χ^2	p
		城区	乡镇(含村)			
你用非正式学习空间的频率是每周几次?	一周<1次	25.56	21.45	296(24.16)	15.075	0.002**
	一周1—2次	35.43	42.65	464(37.88)		
	一周3—4次	13.70	17.83	185(15.10)		
	一周5次及以上	25.31	18.07	280(22.86)		
合计		810	415	1225		

$^*p<0.05$　$^{**}p<0.01$

（三）师生对学校非正式学习空间的客观评价

本研究就师生群体对非正式学习空间四个维度情况,即空间数量充足、空间选址合理、能满足你的需求和空间被使用率高,展开了李克特五分度量表评价。

教师对学校现有非正式学习空间的评价总体尚可,达到基本满意偏上的水平。按选项从很不同意到很同意按 1 分到 5 分进行赋分,在空间数量充足、空间选址合理、能满足你的需求和空间被使用率高四个子题目上,平均值均超过了 3.5 分(见表 2-12),说明教师对学校非正式学习空间建设的现状总体较为认可,但离高度认可还有较大的差距,说明从教师视角而言学校非正式空间建设还需进一步改进。从教师认为最需要改进的角度而言,空间数量充足指标最需要加以改进。

表 2-12　教师对学校现有非正式学习空间的评价（%）

题项	很不同意	不同意	一般	同意	很同意	平均值	标准差
空间数量充足	5.54	11.33	30.60	24.58	27.95	3.581	1.168
空间选址合理	4.82	8.19	28.67	28.92	29.40	3.699	1.120
能满足你的需求	4.34	10.36	28.19	28.67	28.43	3.665	1.123
空间被使用率高	5.06	9.40	32.05	25.30	28.19	3.662	1.137

学生对学校现有非正式学习空间的评价总体较好,达到比较满意的水平。按选项从很不同意到很同意按 1 分到 5 分进行赋分,在空间数量充足、空间选址合理、能满足你的需求和空间被使用率高四个子题目,平均值均超过 4 分,总体处于比较满意的阶段(见表 2-13)。从学生认为最需要改进的角度而言,空间数量充足指标最需要加以改进。

表 2-13　学生对学校现有非正式学习空间的评价（%）

题项	很不同意	不同意	一般	同意	很同意	平均值	标准差
空间数量充足	2.45	2.94	13.80	22.86	57.96	4.309	0.980
空间选址合理	2.04	1.63	11.67	25.22	59.43	4.384	0.902
能满足你的需求	2.20	1.96	11.59	24.33	59.92	4.378	0.922
空间被使用率高	2.61	1.96	12.98	22.86	59.59	4.349	0.958

显然，师生两类群体对学校现有非正式学习空间的现状总体都较为满意，其中学生比教师具有更高的满意度。在两类群体的评价中，非正式学习空间的数量充足性，均是最需要改进的建设指标。

需要指出的是，教师和学生对学校现有非正式学习空间建设现状的评价，更多是基于师生自身感知的评价。很多师生对其他学校的非正式学习空间建设现状缺乏了解，不少师生也确实不了解高质量的学校非正式学习空间将是一个怎样的水平。客观横向对比看，我国学校与主要发达国家学校在非正式学习空间建设水平上仍有不小差距，特别是空间数量的充裕度、类型的丰富性和空间的品质性方面，仍然有不小差距。

三、师生对学校非正式学习空间价值的认识

学校师生对非正式学习空间对工作与学习效率的影响具有不同认知。非正式学习空间对师生而言具有不同的价值收益。

（一）师生使用非正式学习空间的工作与学习效率分析

教师在使用非正式学习空间时工作效率的高低是空间建设需要考虑的重要因素。在所调查的教师中，绝大部分认为他们在非正式学习空间中的工

作效率"比较好",通过对"您在非正式学习空间的工作效率"问题选项从非常差到非常好按 1 分到 5 分赋分,平均值为 3.884,标准差为 0.988,绝大部分教师认为他们在非正式学习空间中具有较高的工作效率(见图 2-5)。

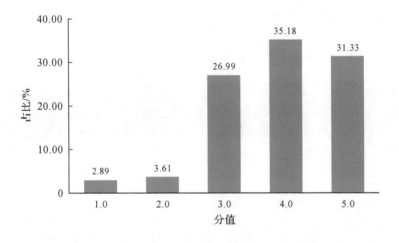

图 2-5 教师在非正式学习空间的工作效率情况

学生的学习不仅发生在教室,校园里的非正式学习空间日益成为学生高效率学习的重要场所。在所调查的学生中,绝大部分认为在非正式学习空间中的学习效率"非常好",通过对"你在非正式学习空间的学习效率"问题选项从非常差到非常好按 1 分到 5 分赋分,平均值为 4.384,标准差为 0.884,绝大部分学生在非正式学习空间具有很好的学习效率(见图 2-6)。

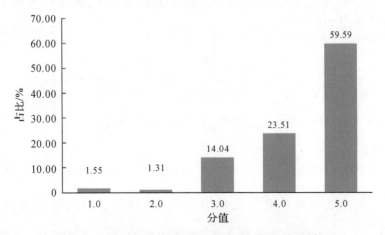

图 2-6 学生在非正式学习空间的学习效率情况

利用独立样本 t 检验研究师生使用非正式学习空间的学习效率的差异性。从表 2-14 可以看出：不同身份使用非正式学习空间的学习效率呈现出 0.01 水平显著性（$t=9.626, p=0.000$），学生的平均值明显高于教师。说明在非正式学习空间中学生相比于教师拥有相对更高的效率。

表 2-14　师生在学校使用非正式学习空间的学习效率差异

题项	你的身份(平均值±标准差)		t	p
	学生($n=1225$)	教师($n=415$)		
你在学校使用非正式学习空间的学习效率是	4.38 ± 0.88	3.88 ± 0.99	9.626	0.000^{**}

$^*p<0.05$　$^{**}p<0.01$

分别以 1、2、3 代表小学、初中、高中。利用方差分析（即单因素方差分析）研究年级对于使用非正式学习空间的学习效率的差异性。从表 2-15 可以看出：不同年级学生使用非正式学习空间的学习效率呈现出 0.01 水平显著性（$F=40.687, p=0.000$），小学明显高于初高中，初中和高中则差不多。

表 2-15　不同年级学生使用非正式学习空间的学习效率差异

题项	你的年级是(平均值±标准差)			F	p
	$1.0(n=572)$	$2.0(n=329)$	$3.0(n=324)$		
你在学校使用非正式学习空间的学习效率是	4.62 ± 0.73	4.18 ± 1.03	4.18 ± 0.87	40.687	0.000^{**}

$^*p<0.05$　$^{**}p<0.01$

（二）师生使用学校非正式学习空间的价值分析

教师使用学校的非正式学习空间，呈现多种不同的收益。本研究对"您认为非正式学习空间对你有哪些价值与益处"展开了多选题调查。使用卡方拟合优度检验法，对本多选题的选项选择比例分布是否均匀展开分析，检验结果显示其呈现出显著性($chi2 = 332.468$，$p = 0.000 < 0.05$)，即在选项的响应率和普及率上具有明显差异性，其中学习研讨内容可自主选择、学习研讨方法可灵活多变、学习研讨伙伴可自主选择等共3项的响应率和普及率明显较高(见表2-16)。进一步运用帕累托图，进行选项累计比例的可视化分析，按照"二八原则"进行数据分析，教师认为前80%最重要的收益是学习研讨内容可自主选择、学习研讨方法可灵活多变、学习研讨伙伴可自主选择、更能促进兴趣与个性发展，而其他收益情况则表现较弱(见图2-7)。

表 2-16　教师使用学校非正式学习空间的价值益处选择

题项	响应		普及率($n = 415$)(%)
	n	响应率(%)	
学习研讨内容可自主选择	207	20.02	49.88
学习研讨方法可灵活多变	214	20.70	51.57
学习研讨伙伴可自主选择	181	17.50	43.61
更能促进兴趣与个性发展	138	13.35	33.25
更能激发灵感、打开思路	131	12.67	31.57
身心更不容易疲劳	136	13.15	32.77
没有什么特别的帮助	22	2.13	5.30
其他帮助	5	0.48	1.20
合　计	1034	100	249.16

拟合优度检验：$\chi^2 = 332.468$　$p = 0.000$

学生使用学校非正式学习空间，也有多种不同的收益。本研究对"你认为非正式学习空间对你有哪些价值与益处"展开了多选题调查。使用卡方拟合优度检验法，对本多选题的选项选择比例分布是否均匀展开分析，检验结果显示其呈现出显著性($chi2 = 1175.032$，$p = 0.000 < 0.05$)，即在选项的响应率和普及率上具有明显差异性，其中学习内容可自主选择、学习方法可灵

活多变、学习伙伴可自主选择、更能促进兴趣与个性发展等共 4 项的响应率和普及率明显较高(见表 2-17)。进一步运用帕累托图,进行选项累计比例的可视化分析,按照"二八原则"进行数据分析,学生认为前 80% 最重要的收益是学习研讨方法可自主选择、学习研讨内容可灵活多变、更能促进兴趣与个性发展、学习研讨伙伴可自主选择,而其他选项的收益则表现较弱(见图 2-8)。

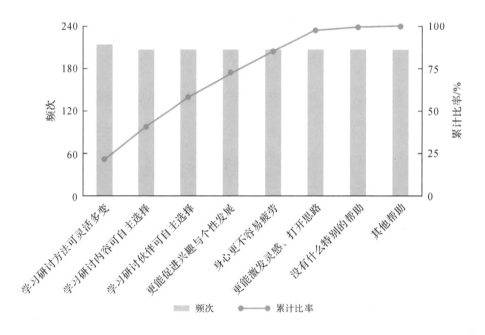

图 2-7　帕累托图分析教师使用学校非正式学习空间的价值益处选择

表 2-17　学生使用学校非正式学习空间的价值益处选择

题项	响应		普及率($n = 1225$)(%)
	n	响应率(%)	
学习研讨内容可自主选择	679	21.17	55.43
学习研讨方法可灵活多变	680	21.20	55.51
学习研讨伙伴可自主选择	490	15.27	40.00
更能促进兴趣与个性发展	571	17.80	46.61
更能激发灵感、打开思路	434	13.53	35.43

题项	响应		普及率（$n = 1225$）（%）
	n	响应率（%）	
身心更不容易疲劳	272	8.48	22.20
没有什么特别的帮助	75	2.34	6.12
其他帮助	7	0.22	0.57
合　计	3208	100	261.88

拟合优度检验：$\chi^2 = 1175.032$　　$p = 0.000$

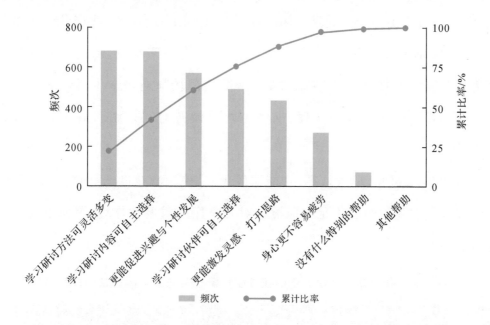

图 2-8　帕累托图分析学生使用学校非正式学习空间的价值益处选择

四、学校普及非正式学习空间的主要障碍

从前文调研分析看，不管是教师还是学生，对学校现有非正式学习空间建设现状的满意度调查结果都为基本满意和比较满意，其中在教师和学生的评价中"空间数量充足"指标都是相对满意度最低的指标，反映出最为首要的

改进点是需要建设更多的非正式学习空间，以更好满足师生的需求。

师生群体对导致学校非正式学习空间普及面临障碍的因素的认识，呈现一定的差异性。本研究列出了 7 项因素影响非正式学习空间普及的障碍因素，请被试选择最为重要的 3 项并进行重要性排序，在数据分析时对被试的回答进行反向计分，即每位被试共选 3 项排名，排第一位的计 3 分，排第二位的计 2 分，排第三位的计 1 分，其他未被选中的计 0 分，按此规则进行计分并进行数据处理。本研究发现从教师视角看，没有时间来用、缺乏好的设计方案、建设经费不足等 3 个因素是阻碍学校非正式学习空间广泛普及的 3 个相对较大的障碍（见表 2-18）。从学生视角看，没有时间来用、缺乏好的设计方案为相对较大的两个障碍（见表 2-19）。不论是教师还是学生对影响非正式学习空间普及的最大障碍排序，前两位均是没有时间来用和缺乏好的设计方案。

由表 2-17 可知，尽管选择"功能比较单一，使用满意度低"的频次高于"没有时间来用""建设经费不足"，但被试对其排序的重要性靠后，因此平均值仍然较低一些。

表 2-18　教师对非正式学习空间在校园广泛普及的最大障碍认知($n=415$)

题项	被选择数	最小值	最大值	平均值	标准差	中位数
没有时间来用	212	0.000	3.000	1.323	1.398	1.000
缺乏好的设计方案	278	0.000	3.000	1.537	1.246	2.000
建设经费不足	205	0.000	3.000	1.017	1.164	0.000
技术不完善，无法满足要求	205	0.000	3.000	0.773	0.899	0.000
功能比较单一，使用满意度低	248	0.000	3.000	0.998	0.987	1.000
领导重视程度不够	77	0.000	3.000	0.275	0.638	0.000
其　他	20	0.000	3.000	0.077	0.379	0.000

表 2-19　学生对非正式学习空间在校园广泛普及的最大障碍认知($n=1225$)

题项	被选择数量	最小值	最大值	平均值	标准差	中位数
没有时间来用	766	0.000	3.000	1.598	1.366	2.000
缺乏好的设计方案	767	0.000	3.000	1.285	1.159	1.000
建设经费不足	496	0.000	3.000	0.780	1.077	0.000
技术不完善,无法满足要求	656	0.000	3.000	0.925	1.009	1.000
功能比较单一,使用满意度低	633	0.000	3.000	0.886	1.013	1.000
领导重视程度不够	299	0.000	3.000	0.433	0.855	0.000
其　他	58	0.000	3.000	0.093	0.460	0.000

五、未来特色非正式学习空间的建设需求

学校开展非正式学习空间建设,可通过新建、改建或重建的途径,或既有空间的功能兼容、功能拓展、功能调整等方式,不断提升校园非正式学习空间的建设水平。学校中除了个人自学、小组研讨等常规非正式学习空间外,也要加强具有一定特色的新型非正式学习空间建设,旨在更好引领学生的素养发展,促进学生的个性化成长。

第一,教师对未来不同特色非正式学习空间建设的需求,表现出差异化的需求。本研究在教师版《学校非正式学习空间现状与需求调查问卷》中对"您认为学校最需要哪些个性化的学习空间"展开了多选题调查,最多可选 3 项。同样使用卡方拟合优度检验法,对本多选题的选项选择比例分布是否均匀展开分析,检验结果呈现显著性($chi2 = 294.939, p = 0.000 < 0.05$),即在选项的响应率和普及率上具有明显差异性,教师对学术交流咖啡吧、基于项目/设计学习的工作坊、健身房等共 3 项的响应率和普及率明显较高(见表 2-20)。进一步运用帕累托图,进行选项累计比例的可视化分析,按照"二八原则"进

行数据分析,教师认为前80%最需要建设的特色型非正式学习空间是学术交流咖啡吧、基于项目/设计学习的工作坊、健身房、黑盒实验剧场[①]、创新实验室,而对其他空间的建设需求则表现较弱(见图2-9)。

表 2-20　教师对未来特色非正式学习空间的需求

题项	响应		普及率
	n	响应率(%)	($n=415$)(%)
黑盒实验剧场(话剧演练空间)	133	11.76	32.05
基于项目/设计学习的工作坊 (小型研讨室)	210	18.57	50.60
学术交流咖啡吧	217	19.19	52.29
创新实验室(如创客、STEM 空间)	131	11.58	31.57
兴趣特色教室(如跆拳道、击剑)	96	8.49	23.13
社团活动空间	131	11.58	31.57
健身房	153	13.53	36.87
游泳池	58	5.13	13.98
其他	2	0.18	0.48
合　计	1131	100	272.53

拟合优度检验:$\chi^2=294.939$　$p=0.000$

值得注意的是,学术交流咖啡吧排在首位,健身房则排在第三,上述两项在教师的特色空间选择中排名靠前,意味着一线教师日益重视诸如咖啡吧类空间所具有的"第三空间"作用,以及健身房对教学工作的身体保健因素,反

---

① 黑盒实验剧场,也可称为话剧演练空间、黑匣子剧场、黑盒剧场等,英文表达为 black box theatre,该空间日益成为中小学重要的人文类综合性学习空间,具有十分明显的非正式学习空间特征。空间一般自由灵活,背景通常为黑色,层高可 5—8m 不等。舞台区与观众席分割不明显,观众席通常为灵活可移动座椅,从而确保表演区与观众区可依需求变动。空间主要开展音乐剧、话剧、戏曲、相声等表演内容的演练,实验性质强,是师生文体能力成长的重要学习空间。

映出教师希望校园中除了教与学工作外,学术交流咖啡吧、健身房等空间能发挥重要的学习、社交与休闲功能。

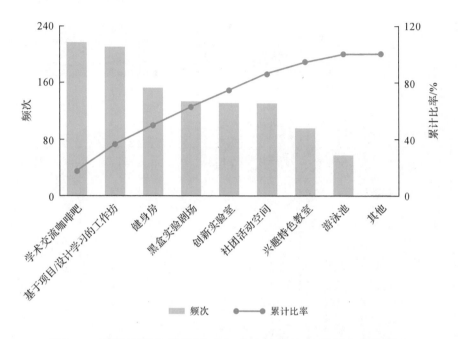

图 2-9　帕累托图分析教师对未来特色非正式学习空间的需求

第二,学生对未来不同特色非正式学习空间建设的需求更为关注研究性学习与创新素养发展的空间。本研究在学生版《学校非正式学习空间现状与需求调查问卷》对"你认为学校最需要哪些个性化的学习空间"展开了多选题调查,最多可选 3 项。使用卡方拟合优度检验法,对本多选题的选项选择比例分布是否均匀展开分析,检验结果呈现出显著性($chi2 = 666.603$, $p = 0.000 < 0.05$),即在选项的响应率和普及率上具有明显差异性,学生在基于项目/设计学习的工作坊、社团活动空间、学术交流咖啡吧、创新实验室等共 4 项的响应率和普及率明显较高(见表 2-21)。进一步运用帕累托图,进行选项累计比例的可视化分析,按照"二八原则"进行数据分析,学生认为前 80% 最需要建设的特色非正式学习空间是基于项目/设计学习的工作坊、社团活动空间、学术交流咖啡吧、创新实验室和黑盒实验剧场,学生认为上述 5 项至关

重要,而对其他空间的需求则较弱(见图 2-10)。

表 2-21　学生对未来特色非正式学习空间的需求

题项	响应		普及率 ($n = 1225$)(%)
	n	响应率(%)	
黑盒实验剧场(话剧演练空间)	387	11.71	31.59
基于项目/设计学习的工作坊 (小型研讨室)	612	18.52	49.96
学术交流咖啡吧	455	13.77	37.14
创新实验室(如创客、STEM 空间)	441	13.34	36.00
兴趣特色教室(如跆拳道、击剑)	382	11.56	31.18
社团活动空间	506	15.31	41.31
健身房	255	7.72	20.82
游泳池	256	7.75	20.90
其　他	11	0.33	0.90
合　计	3305	100	269.80

拟合优度检验: $\chi^2 = 666.603$　　$p = 0.000$

从学生需求看,学生更为注重传统普通教室、常规实验室之外的新型学习空间,特别是具有研究性学习、创新素养学习等相关的学习空间。其中最受欢迎的空间是基于项目/设计学习的工作坊,这类空间将 PBL、DBL 两类新型学习方式引入,对学生的跨学科兴趣培养和面向真实世界问题的解决能力发展,具有重要的优势。社团活动空间、学术交流咖啡吧、创新实验室和黑盒实验剧场等空间也非常受学生欢迎,它们对学生多种类型的非正式学习,特别是创新思维培养、创意表现和沟通交流能力等的发展,同样具有十分重要的作用。

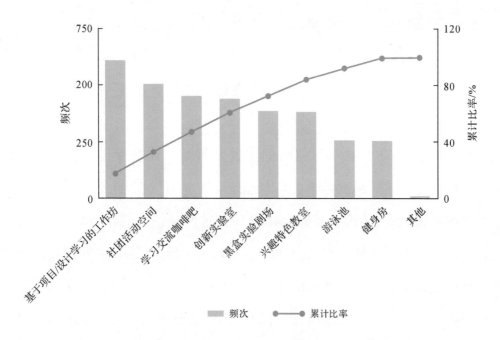

图 2-10　帕累托图分析学生对未来特色非正式学习空间的需求

第三节　我国非正式学习空间建设的主要挑战

一方面是上位理念不重视非正式学习空间建设,另一方面是一线师生认可非正式学习空间的价值,并希望建设数量充足、选址合理、类型丰富、功能强大的非正式学习空间体系,这说明我国总体上还需加强非正式学习空间相关的设计理论研究,革新建设理念,达成建设共识,推进合理建设,从而更好地服务学校教育的高质量发展。

相比于主要发达国家学校非正式学习空间的建设水平[①],并结合我国的实际水平现状和前文分析,学校非正式学习空间的建设可归结为仍然存在

---

① 主要发达国家中小学校的非正式学习空间建设水平情况,可参见本书第三章第一节至第三节。

"四类缺乏"和"四种偏少"的挑战。

一、深入破解非正式学习空间建设的"四类缺乏"难题

第一,缺乏将非正式学习空间的建设要求纳入建筑设计规范与建设标准。设计规范与建设标准是学校基本建设的准绳与依据,此类文件中非正式学习空间建设理念、面积指标和具体设计要求的缺位,会对全国学校引入非正式学习空间产生系统性与长期性的不利影响。因此,不仅需要深化非正式学习空间建设理念与设计理论的研究,而且需要进一步将合理适用的有关成果体现在政府上位设计规范与建设标准之中,从而在源头上为非正式学习空间的建设解决设计依据问题。

第二,缺乏将教育思想融入非正式学习空间的建设理念。不少学校不能从学习科学视角认知学校学习空间,仍以工业化模式运作并以流水线形式培养学习者[1],只重视正式学习空间,而忽视非正式学习空间的现象十分普遍。不论是空间设计阶段抑或建成投入使用阶段,普遍缺乏"先教育、后课程、再空间"的建设思维,亟须进一步将教育理念融入空间的规划设计,并重视建成空间非正式学习功能的持续发挥。

第三,缺乏以一个校区为单位的空间整体统筹建设观。不少学校对非正式学习空间的建设仍停留在碎片化阶段,或局限在图书馆、门厅等少量场所。没有建立以学校为整体的统筹视角,对非正式学习空间的大与小、公共与私有、室内与室外、集中与分散等关系开展全校性统筹,系统布局,合理建设,这反映出建设的"学习空间连续体"观仍需大力加强。

---

① Beckers,R., Voordt,T. V. & Dewulf, G. Learning Space Preferences of Higher Education Students[J]. Building and Environment,2016,104(8):243-252.

第四,很多非正式学习空间的建设缺乏人性化设计。以师生为本是非正式学习空间建设的重要立基点,然而空间的人性化设计不足仍比较普遍。此类非人性化设计,如空间选址不佳、缺乏美感、功能不舒适等,以及采光、照明、通风、温度、湿度、声学等环境要素缺乏合理设计,极大降低了非正式学习空间的吸引力与满意度。

二、大力补强非正式学习空间建设的"四种偏少"问题

第一,明确定位为非正式学习空间的场所偏少。一方面长期以来我国学校的设计建规不重视非正式学习空间,另一方面不少学校对非正式学习空间的建设意识缺乏,致使很多学校非正式学习空间的数量十分不足,也是师生"对现有非正式学习空间的客观评价"调查中普遍指出的首要不足问题。增加数量、提高面积特别是加强校园户外的非正式学习空间建设,将是未来我国学校努力加强建设的重点方向。

第二,非正式学习空间的功能类型偏少。尽管学校非正式学习空间的类型十分丰富,然而现实中不少学校最为常见的非正式学习空间仍是图书馆、校史馆和个人自主学习空间,小型交流学习、小组合作讨论学习等师生喜爱的非正式学习空间仍需加强建设,特别是学术交流咖啡吧、基于项目/设计学习的工作坊、黑盒实验剧场等师生喜爱的特色非正式学习空间等,从而为师生更为丰富的非正式学习提供物理空间保障。

第三,现有非正式学习空间的配套资源设施偏少。在现场走访中,很多学校的非正式学习空间仅提供基本学习桌椅,甚至存在学习桌椅的数量不充足问题。不少公共区域的非正式学习空间缺少基本的照明、电源插座等现象也比较普遍。阅读类非正式学习空间阅读文献较少或缺乏,研究性学习区域

缺乏互联网连接等问题,也是比较普遍的问题。上述问题均反映出空间建设不被重视特别是教育场景观的缺乏问题,没有充分考虑师生真实使用场景的需要。

第四,有多学科交叉能力的非正式学习空间设计团队偏少。非正式学习空间的设计,需要设计团队既懂设计,又懂教育,能够清晰地认识到每个非正式学习空间设计背后的教育学证据。然而能满足上述跨学科背景要求的设计团队还十分缺乏,需要加强教育界与设计界的跨学科对话,进行设计团队的跨学科专业赋能建设。

第三章

多国推进学校非正式学习空间
设计的个案研究

放眼全球多国的学校非正式学习空间建设,伴随经济发展、技术变迁和教育观念转型等因素,校园空间的规划与设计日益重视引入非正式学习空间的设计理念,不论是室内非正式学习空间,还是户外非正式学习空间,空间的面积占比、类型、功能与装备配置等都有了非常明显的增长与进步。美国的"学校建筑规划运动"、英国的"为未来建设学校计划"等改革探索,推动了学习空间的创新建设。非正式学习空间因其对学习的灵活性、适用性与个性化表达,受到了主要发达国家学校的积极欢迎。

不少国家已建造了多个具有借鉴价值的非正式学习空间,这些建设案例具有重要的启示价值。

第一节　美国 e3 公民高中:
创新引入非正式学习空间和参与式设计

美国大城市内城的基础教育质量饱受诟病,加州圣地亚哥市的主城区也不例外。据 2011 年统计,该城区 50% 的学生选择外流到周边高中上学。主城区的人们迫切希望建一所本地区的优质高中,以便更好地服务师生面向未来的学习需求。在此背景下,圣地亚哥市政府、联合学区和市公共图书馆基金会决定共同筹办一所新的公立特许高中,并将建校使命确定为实现学校与社区的共融发展,大力创新学习空间,为未来一代提供高品质的教育服务。为此,筹建工作组提出了"参与、教育、赋权"(engage,educate,empower)的办学理念,并将学校命名为 e3 公民高中。

项目选址位于圣地亚哥市公共图书馆的 5—6 层,建筑面积 7100 余平方米,主要面向 9—12 年级的高中学生,计划可招学生 500 名(见图 3-1)。项目秉持"营建下一代学习空间"的总体定位,大力引入非正式学习空间和公众多元参与设计等新理念,因其卓越的空间设计,获得 2014 年美国教育设施规划者学会(CEFPI)杰出设计奖,并获得美国绿色建筑 LEED 标准金级认证。①

图 3-1　e3 公民高中所在圣地亚哥公共图书馆

来源:学校官网(www.e3civichigh.com)。

---

① LEED 标准由美国绿色建筑委员会研制并于 2000 年开始执行,全称为 Leadership in Energy and Environmental Design Building Rating System,是一个在全球建筑学界具有广泛影响与认可度的绿色建筑评价体系,其宗旨是在设计中有效地减少环境和住户的负面影响。该评价体系从整合过程、选址与交通、可持续场地、节水、能源与大气、材料与资源、室内环境质量、创新和区域优先等九方面对建筑进行综合考察,评判其对环境的影响,并将评价结果分为认证级、银级、金级和铂金级等四个等级。

一、创新引入满足多元学习的非正式学习空间

e3 公民高中筹建之初，筹建委员会已经充分认识到全球社会和教育的深度变革趋势，认为新学校应当营建面向 21 世纪的卓越学习环境，规划设计"下一代学习空间"。只有设计高品质、高绩效的高中校园，才能更好地服务主城区乃至整个圣地亚哥市的长远发展，特别是非正式学习空间的设计，尤其值得关注。

非正式学习空间的设计重视教育理念先行，强调空间设计的前策划。筹建委员会在项目启动之初便提出了"基于项目的混合学习空间"的设计理念，除了普通教室等正式学习空间外，特别重视非正式学习空间的引入，强调空间功能应以学习者为中心，让 e3 成为"思维碰撞丰富的学校"。在具体空间的设计中，一方面，深入研究面向真实世界的学习、参与式学习、合作学习、批判性思考、学会学习等更为详细的二级设计理念，探索具体学习方式与学习空间的内在相关性。另一方面，强调先课程后空间的设计观，非常重视与具体学习空间相匹配的课程、环境属性、使用人群、家具配置和技术装备等要素。通过上述两大维度的分析，建筑空间的具体设计形成了前策划文本即"设计需求描述性文本"，继而通过该"文本"深入指导后续的空间深化设计。

校园规划重视正式学习空间与非正式学习空间的有机组织。设计团队基于每个空间需容纳的人数规模，将学习空间划分为单人学习者、2 人学习者、3—10 人学习小组、全班大班教学、超过百人的大组教学等多种规模的学习空间。这些不同规模的空间在总图上有机布局，每个楼层除了规划有多间普通教室外，还设置有多种不同规格的学习用房，如教学楼 5 层规划有生物医学工程工作室、多媒体工作室、创新思维实验室、营养保健工作室和韵律工

作室等5个特色学习工作室,以及共享性学习空间、公共社交空间等非正式学习空间,以及教师办公室、储物间等用房(见图3-2)。除了面向各个年级的常规教学空间,课题组特别提出设置了两个高降噪的安静学习空间。上述非传统空间对于学生多元能力的培养具有十分重要的价值。

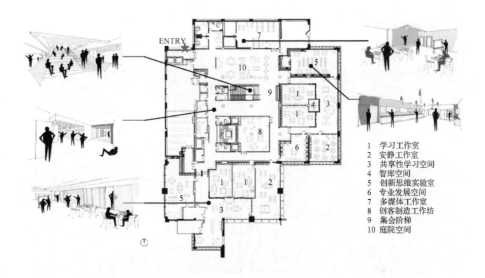

图 3-2 教学楼 5 层的正式与非正式学习空间平面图

来源:LPA Design Studios。

筹建委员会为包括非正式学习空间在内的校园空间设计提出了五维度框架。具体而言:一是重视每个空间的整体基调定位,它属于正式学习空间还是非正式学习空间,空间风格是简约的还是复杂丰富的;二是重视每个空间的使用者分析,即该空间仅是师生群体使用,还是包括社区居民等其他使用者,若有不同使用群体,对空间是否有什么特殊要求;三是重视声、光、温度等环境因素的分析,重视环境心理学相关结论对学习空间设计的启示,重点对不同空间的照明采光、噪声控制等提出专项设计要求;四是重视学习家具的合理配置,细分为固定不动的还是可灵活移动的,风格一致的还是多元灵活的;五是重视空间的教育技术装备,关注师生不同学习方式的设施配置需求,强调空间与装备的无缝接入。

e3 学校非常重视两种非正式学习空间的设计。一种是面向真实世界的课程学习空间,广泛开展基于社区情景与问题的跨学科教学、基于项目的学习和探究驱动教学。为此,学校专门设计了四个称为"学习村"的空间,每个"村"都由学习工作室、安静工作室、灵活实验室、智库空间、共享性问题解决学习空间等组成,积极引领学生探究真实世界的问题(见图 3-3)。

图 3-3 名为"学习村"的非正式学习空间

来源:LPA Design Studios。

另一种是支持学生个性化学习的自主学习空间,学校秉信教育是个性化的,学习空间应当充分"滋养"不同学生的特长与兴趣,并鼓励每个学生的个性化发展。因此,学校设计了大量的小团体学习空间。

此外,筹建委员会非常重视学校建筑设计研究领域已有成果的整合转化运用。有关个性化学习空间、资源丰富的学习空间、灵活可变的学习空间、学习社群、创新实验室、激活学习的色彩理论,特别是基于项目的学习环境构建等方面的研究成果,被充分运用到了项目设计中来。事实上,这些方面往往也是常规设计团队在学校设计方面最为薄弱的环节,也是专家共同参与空间设计领导的最大价值所在。

二、多方共同参与非正式学习空间的卓越设计

作为一所特许学校,该学校正式与非正式学习空间的设计过程非常强调利益相关者能全过程深度参与设计,并重视全面提升学习空间设计的专业化水平。

(一)需求调研阶段:了解利益相关群体的空间需求

作为一所多方共同筹建的特许学校,e3 公民高中从立项之初便非常重视多方利益相关者的共同参与。圣地亚哥市的创新型企业领导者、学生家长代表、社区代表、公共图书馆基金会、市政府相关部门、多元文化教育的领导者、周边学校的学生代表以及卫生保健领域的专家等群体,通过一对一访谈、项目工作坊、课程设计讨论会、现场勘查、视听研讨会和定性研究等不同途径,积极为该项目的学习空间设计出谋划策。

在大量调研工作的基础上,e3 公民高中形成了基于社区共识的本校人才培养"五大学习素质",即文化与社会素养、新媒体与信息技术素养、营养与健

康素养、实习见习技能、公民服务和社区参与能力(见图3-4)。设计团队与利益相关者反复研讨满足这些需求的课程项目与空间属性,特别是空间目标、教学活动、关键设施配备、交通流线等。

图 3-4　e3 高中人才培养的五大学习素养

(二)方案设计阶段:跨学科团队开展基于研究的统整设计

多方利益相关者的参与,使得筹建团队能够充分了解各类需求。但如何高品质地满足这些"需求",在"教育学需求"与"空间设计"之间建构科学的桥梁,仍然充满挑战。由此,教育学者、建筑设计师和学校师生共同组建了一支跨学科团队,开展基于研究的统整设计。

重视发挥专业力量的引领作用。项目邀请了圣地亚哥州立大学全美学校建筑研究中心和圣地亚哥大学教育政策研究所的多位专家领衔参与方案设计,成立了专门的课题研究小组,开展了为期一年多的专项研究。研究团队召开了多层次的项目研讨会,邀请各类利益团体深度参与,以更深入具体地确定空间的真正需求,尽可能满足所有使用者的不同要求。

(三)建成使用阶段:持续挖掘空间潜能

第一,充分利用学校周边的非正式学习空间。作为全美第一所建在公共图书馆中的特许学校,e3 高中的"先天不足"是没有本校的体育场馆和户外公共空间。于是校方积极与周边机构协商,将学校对面的公园作为师生的体育场地,让楼下的公共图书馆向师生自由开放,预约使用邻近社区的礼堂等,这些措施有效弥补了该校场所空间的先天缺陷,并极大拓展了学生的校外非正式学习空间。

第二,重视建成非正式学习空间的灵活使用。室内空间功能优化的前提是师生普遍了解空间设计的内隐理念。为此校方多次组织召开了空间理念研讨会,以图文并茂的形式告知本校师生每个空间背后的"规划过程"和"教育秘密",便于大家充分了解并促进空间使用的自主选择与优化。同时,学校非常强调空间的灵活性与多功能性,采用可组合的家具、可随时进行书写的白板墙、活动隔断等,使得师生完全可以根据不同时间、不同群体、不同课程的需要而不断"重构"空间(见图3-5)。还有部分空间被师生赋予了新的育人功能,如专业发展空间被改造成为师生共同的开放学习资源库。

图 3-5　学校公共区域的非正式学习空间

来源:LPA Design Studios。

第二节　英国新视线学校:多目的的学习广场设计

进入 21 世纪以来,英国政府不断加大对基础教育的财政投入力度,努力提升广大学校的办学品质。在学校建设方面,从 2003 年开始该国教育与技能部实施了一项名为"为未来建设学校"(building schools for the future,以下简称 BSF 计划)的重大工程,计划在 15 年内专项投资 450 亿英镑,实现新建、改建或重建英格兰地区 3500 余所学校建筑与大面积更新教育信息技术装备的目标。BSF 计划承诺以学校建筑为教育改革的落脚点,将学校建筑的资本投资作为催化剂,试图用新的资金分配、采购模式和一流的设施设备,使这些全新的学校设计能够满足 21 世纪学生学习和教师教学的需要。此外,BSF 希望在整个地方政府的财力范围内对 BSF 学校进行重新规划和整体更新,进而提升教育和社区的潜力,改善英国中等学校建筑的整体状况。

新视线学校(New Line Learning Academy)是这一项目的受益者。该学校坐落于伦敦南部肯特郡首府梅德斯通市,建筑面积 9500 平方米,是一所有 1100 余名 7—11 年级学生的中学。新视线学校的目标是为学生提供未来成功必备的关键技能。学校拥有一系列现代化的设施和鼓舞人心的建筑,如肯特郡最大的室内体育馆之一,一个面向学生和当地社区成员开放的学校农场。通过提供充满关爱的育人环境,鼓励学生走出舒适区,发挥创造力,充分利用先进的技术和丰富的机会,自由成长为有礼貌、善良和全面发展的个人。面对新时期教育和技术的迅猛发展,2007 年学校在新建时积极寻求突破一般学校建设的常规思路,重视全面整合新的学习方式与信息技术,提出了新建一个具有未来引领性的学习广场的设想,大力融入体现非正式学习空间理念的设计,经 2 年多的时间建成并投入使用。数年的实践显示,该学校学生的出勤率和普通中等教育证书成绩都得到了明显的提升,空间支撑师生卓越发展得到了有力证实。

一、多种非正式学习空间满足学生的多元需求

围绕政府提出的"为全体英国人提供世界一流教育"的目标,积极回应 21 世纪课程改革、学与教方式的深刻变化,尤其是师生对创新性学习、个性化学习及在信息通信技术支持下的多维互动学习的新需求,新视线学校所创新设计的学习广场,强调创建一个灵活的新型学习空间,能使全体师生都可以高效地投入学习之中,并能结合课程内容和学生个体的需要而灵活选择学习方式,让空间尽其最大可能地帮助学生发现和发展各自的潜能。

学习广场引入常规教室和非正式学习空间相组合的设计理念。学习广场超越传统教室的呆板设计,引入"一大二小"式的教室聚落模式。每个学习广场都规划有一个较大的共享性学习空间,作为集体性学习的主要场所,而在它的相邻位置还规划有适合开展 6—8 人研究性学习和个别化辅导的两个小空间。这一布局方式满足了大班教学和小组个性化教学的灵活组合需要(见图 3-6)。

学习广场允许灵活展开多种形式的学习。每个学习广场都设有 2—3 组香蕉形、多层台阶式座椅的半开放包厢。该校校长盖伊·休伊特(Guy Hewett)指出"这是学习广场最为迷人的,当然也是最能引发争议的地方"。这一特殊的香蕉形座椅设计,非常适合开展大组教学和演讲式学习,相较于传统教室,它最大限度地减少了教师与学生之间的距离,提升了师生对话互动的频次与质量,也可以使教师更好地关照到每一个学生。半开放包厢周边

布置有可灵活拼组的多边形或圆弧形课桌,配合带有滑轮的座椅,允许师生随时依据学业需求开展多种类型的学习。学习广场的两侧靠墙位置,还配置有20余台计算机,为学生开展个性化学习和基于网络资源的探究性学习提供了可能。总体上,学习广场大量引入非正式学习空间理念的设计,为师生依据学习需要而灵活选择学习方式提供了有力的物理空间支持。

图 3-6　学习广场鸟瞰图

来源:新视线学校官网(www.newlinelearning.com)。

二、空间重视全面整合最新的教育技术

学习广场设计积极响应教育智能化趋势。伴随更快、更轻便、更便宜、更大容量的信息设备的加快普及,学校学习空间智能化已经成为显见的发展趋势。为激励学生更大程度地投入学习,新视线学校学习广场的设计,全面整合最新的教育技术,为师生提供随手可及的各类智能化装备。具体而言,整个学习广场布置有多点无线网络,实现 Wi-Fi 功能的全面覆盖。学习广场中的每一个学生,都配置一个手持式笔记本,实现无纸化教学。通过学校教学资源平台的强有力支持,允许学生自主掌握学习进度,并依据需要开展虚拟或面授的学习活动。配备多个显示幕,一方面,每个学习广场都配置有一个

立体声宽屏银幕系统,装备三个 7200 流明高的显像投影仪,在部分广场甚至配有 360 度环幕投影仪;另一方面,在适合小型合作学习的空间附近,配备有 72 英寸的平板显示屏,便于呈现小组学习内容,方便学生交流学习。

允许学生用多种方式展现学习成果。学习广场的设计充分考虑正式学习和非正式学习等方式灵活切换的需要,相关技术配置支持师生不同类型的学习成果可及时进行展示与分享。每个广场都配有触摸屏式教学控制平台,通过点播切换,可以非常快速地将每个学生电脑上的画面切换到大屏幕上或者小组合作学习区域的 72 寸显示屏上。尤为值得注意的是,学习广场还配置有一个 3×3 的显示屏矩阵。通过触摸切换,它允许教师同时将 9 位学生或小组的学习成果展现在屏幕上,极大地方便了生际、组际的交流学习。当然,周边墙面彩色吸音壁毯的配置,也允许学生将纸质的成果非常方便地展现在墙面上(见图 3-7)。

图 3-7 可灵活组合的多元学习空间与展示空间

来源:新视线学校官网(www.newlinelearning.com)。

三、倡导非正式学习空间环境的舒适性

在英国教育界人们已经形成共识,加大对高质量学校建筑的投资,配合教学和学习领域的创新,有助于促进学生树立远大胸怀并提高学业成绩,而不适宜的温度、灯光、空气质量、噪声等会对学习产生重大的负面影响。[①]

新视线学校学习广场的设计,非常重视环境的整体品质,强调空间的舒适性与美观性,期望能够营造一个"家一样温馨"的学习空间(见图3-8)。

图 3-8　学习广场家一样温馨的学习空间

来源:新视线学校官网(www.newlinelearning.com)。

整个学习空间采用了中央空调和新风系统,确保了师生具有良好的体感温度与舒适度,也有利于将室内温度控制在师生学习效率最高的温度区间。

---

① 邵兴江,赵中建.为未来建设学校:英国中等学校建筑改革政策分析[J].全球教育展望,2008(11):36-41.

在空间的色彩、装饰用材等方面作了精心考虑,例如引入孩子们喜欢的雅致蓝、典雅红等色系,整个广场安装有高档的地毯,学生完全可以脱掉鞋子在广场中开展自由学习。所有课桌椅采用人体工程学设计,高度可调节并带有滚轮,便于师生依据需要调整高度并可灵活组合。

重视光学和声学环境的合理设计。该校的学习广场尤为重视灯光、噪声的有效控制。通过引入新型 LED 灯源,学习广场的灯光氛围,包括灯光的照度和色彩,可依据学生的情绪、课程内容等随时调节,有时候灯光调节成为拉回走神学生的好方法。广场空间中所有窗户采用遮光窗帘,并都由计算机自动控制调节,实现了对室内自然光进光量的有效控制。学习广场的吊顶、地面与四周墙面都做了主动降噪处理,通过安装吸音砖、吸音壁毯等新型材料,极大降低了室内的声音回响,营造了一个令人舒适的声学环境。

第三节　冰岛拜尔高中:超越传统的开放复合型学校

冰岛地处北欧,虽是人口小国,但重视教育投入。冰岛不断创新学校设计理念,积极探索有领先水平的学习空间,走出了一条持续提升校园学习空间质量的创新迭代之路。从传统服务班级授课制的划一式空间,到当代更具个性化与协作化学习的灵活学习空间,更为重视非正式学习的学习空间,不难发现百年来冰岛学校建筑经历了封闭传统式、集群组团式和开放灵活式的发展历程。①

当代冰岛新建的学校基于传统而不断超越传统,首都雷克雅未克附近的

---

① Sigurðardóttir,A. K. & Hjartarson, T. School Buildings for the 21st Century. Some Featues of New School Buildings in Iceland[J].Center for Educational Policy Studies Journal,2011,1(2):25-43.

莫斯费德斯拜尔高中（Mosfellsbær High School，以下简称拜尔高中）是其中的典型代表。该学校周边自然环境优美，建筑面积约 4100 平方米，于 2014 年建成并投入使用，可容纳 500 名学生（见图 3-9）。新校舍由该国 A2F 建筑工作室设计，学校外部形态与周边环境相契合，重视正式学习空间与非正式学习空间合理布局、内部功能与多种教育场景相复合等设计思路，赢得了欧洲学校建筑界的广泛好评。2015 年该学校设计获得由欧盟教育文化部颁发的密斯·凡·德·罗奖提名奖，该奖旨在授予对欧洲建筑发展具有显著贡献的作品。

图 3-9　拜尔高中空中鸟瞰实景

来源：A2F arkitektar 网站。

一、基于传统而超越传统的空间功能

　　长期以来,冰岛中小学的校园空间设计比较流行"长直走廊、侧排教室"模式,该类校舍空间满足了以班级为单位的授课需求,布局规整,形式较为单一,在建筑建造技术上难度较小,成本可控性强,因而被广泛推广。进入 20 世纪 80 年代,由两间或多间教室组成功能单元,并结合共享空间的组团化教学空间布局被引入冰岛,并配备宽敞疏散门或可折叠的活动隔墙,形成了集群组团化的布局。拜尔高中在新校区项目启动时,全面反思了冰岛以往的学校设计传统,并深入思考全球化、信息化与教育自身变革对学校空间的影响。由此,新建校舍引入了开放、多目的的设计理念。

　　空间功能引入新型的布局形态,设有大量非正式学习空间。拜尔高中整个校园空间由主体建筑、体育馆与室外停车场等组成。其中,主体建筑可分为三个区域,从空中鸟瞰呈现"H"形布局,即一体两翼的布局手法,其中一体是位于中央面积较大的共享空间,上下通高;两翼即位于西侧和东侧的分层长条形功能体块。

　　主体校舍建筑共计三层,功能定位各不相同。其中第一层由包括图书馆、食堂、多功能室等在内的公共区域,以教师办公休息为主的行政区,以及艺术类教学区等组成。从建筑主入口进入后,则是一个通高的中央大厅,大厅南面为上下层楼梯和连接东西两个区域的廊道。第二层主要为学术部,包含多种不同类型的正式与非正式学习空间,如各类教室、研讨室等。位于二层西南角的灰空间,则具有日常娱乐、休憩的功能,其中普通教室的设计主要继承了经典的布局方式。第三层约一半空间被斜坡屋顶占据,剩余可用空间均属于科学部,规划设计了多种不同类型的科学教室和实验室(见图 3-10)。

总量上,拜尔高中全校共有 12 间普通教室,17 间个别化学习空间,能很好地满足 500 名学生日常教学与团队合作学习的需要。除教学楼,学校还配有露天停车场,有助于减轻周边停车压力,体育馆与户外坡地草坪的设置则满足了学生多种类型的运动需求。

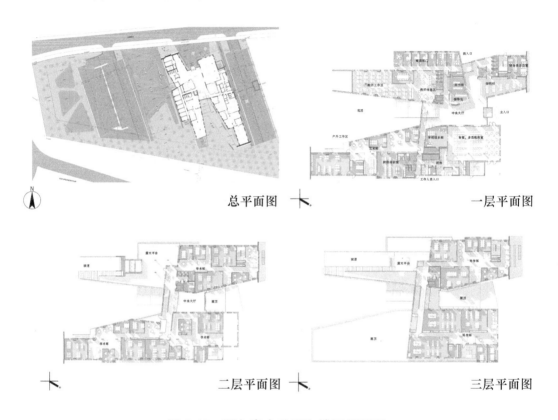

图 3-10　拜尔高中总图和楼层平面图

来源:ArchDaily 国际网站。

拜尔高中校园一体两翼的新布局方式,实现了对冰岛传统校园的超越,它是冰岛学校建设史上的一次校舍建筑迭代大升级。一方面,继承了传统封闭式与集群组团式设计的优秀建法,新校园空间不仅保留了桌椅排列整齐的传统教室,便于教师实施高效的班级授课制式教学,还在传统教室周围规划了 4—12 人的中小型个别化学习空间,能很好地满足学生自习和小组活动的需求。上述两类学习空间通过走廊与共享空间相联结,呈现出集群组团的特点。另一方面,新学校规划非常重视开放式学习空间的设计,旨在充分发挥非正式学习对师生发展的重要作用,从而促进构建正式学习与非正式学习相结合的新型学习空间。具体表现在:项目在建筑两翼之间设置了通高的中央大厅,可开展社团活动、演讲展示、戏剧表演等,在毗邻教室的廊道上设计了面积大小不一的开放式学习空间,可开展学生小组讨论、教师个别辅导等学习活动。上述设计手法打破了不同功能区的物理边界,增加了学生的跨年级交流与混龄共享,使低年级的学生能更早地了解高年级的学习氛围。

以二层为例,整个空间共有6间普通教室、9间个别化学习空间及若干廊道学习空间,三者的面积比大约为5∶2∶3。相对封闭的传统教室,半开放的中小型个别化学习空间,全开放的廊道学习空间,彼此有机布局,有意识地集群化组合,为师生多样化、不同开放性的学习提供了强有力的支撑,比较充分地满足了师生日益丰富且不确定性的学习需求。

校园学习空间的功能建设重视渗透人性化设计理念,包括光照、声学和色彩等多重考量。在光照控制上,设计团队十分重视自然光的综合利用,校内多个区域应用了大面积的开窗乃至落地窗。从教育心理学角度而言,自然光会促使学生进入一种具有复杂视觉关联的结构体系中,使学生的心情更加舒畅,从而提升学习效率。学校设计显然充分利用了自然采光对学业成绩影响的积极作用。在声学控制上,良好的声学环境是师生安心学习的必要条件之一,特别是要注意工业、交通、商业等因素产生的声学不利影响。该项目毗邻公路,为了减少噪声的不利影响,主创建筑师、景观设计师和声学工程师开展了跨学科设计合作,特意在公路与学校之间设置了专用隔音墙,并以山丘为过渡区域。在室内材料的选择中,项目十分注重深度呼应本地气候特征,尤其关注寒冷冬季室外冰冷且色彩不丰富的现实境况,因此室内装饰方案精心选择了以暖色调为主的材料，并配合暖色系灯光，从而营造了温馨舒适的学习空间。

学习空间设计注重场所的美学性。在学校内部多个学习空间，装饰有一种被称为"Kula"和"Lina"（气泡和线）的彩色毛毡制装饰品，其中"Kula"为球形和半球形，"Lina"为圆柱形。"Kula"在墙面上看似大小和位置随意，实则采用与椅子相呼应的草绿或湖蓝色，都在或灰或白的房间主色调中起到了重要的点缀作用，显得既轻松活泼又简约大方，符合高中学生的年龄特征（见图3-11）。除了艺术装饰作用，该产品在实际应用中还兼具吸音效果。

图 3-11　拜尔高中学习空间的美学设计

来源：A2F arkitektar 网站。

二、空间融合非正式学习的开放与复合设计

作为一座教育类建筑，拜尔高中在建设之初，不仅注重传承过往学校设计的经典经验，而且十分注意吸收全球学校设计的领先理念。将开放、多元等全球先进的设计理念融入学校的正式学习空间和非正式学习空间，尤其是大力推进非正式学习空间的开放式设计和复合性功能设计，旨在更为卓越地支撑拜尔高中面向未来的教育服务。

第一，探索校园非正式学习空间的多类型开放式设计。开放型学习空间

成为全球学校建筑的重要设计方向,拜尔高中的设计同样重视。一是同一楼层的开放化设计,廊道非正式学习空间遍布全校,学生随时随地可以坐下来交流与学习,路过的同学也能够方便地旁观或加入。除了供学生自主学习,廊道作为开放式环境,也为师生课后一对一、一对多交流提供了氛围轻松自然的场地。二是跨楼层的开放化设计,即以中央大厅为核心的系列设计,包含中央大厅的通高空间,以玻璃墙代替部分教室的实体墙,以及无遮挡的单跑楼道与高层廊道等。师生不论身处教室还是活动于大厅,途经楼道抑或驻足于廊道,都可以开展跨层的眼神、语言上的交流,降低了交流成本。该设计打破了传统学校楼层与楼层之间明显的划分,增加了楼层之间的视线连接,使得楼层不再冷冰冰地隔断人与人之间的连接,彰显了校舍建筑的人文关怀(见图 3-12)。三是建筑内部与室外景观的互为开放。开放式的设计使整体建筑更加轻盈,与学校希望营造的轻松、愉悦氛围相呼应。在外立面的设计上,拜尔高中一方面采用了大面积的开窗,使建筑拥有更舒适自然的采光,也

图 3-12 拜尔高中的公共非正式学习空间

来源:A2F arkitektar 网站。

让建筑有了更好的外部景观,师生在建筑内部就能看到近处的小镇与远处的山峦,在不知不觉中拉近与本土文化及自然景观的距离,增加了环境感知与环境认同。另一方面,学校建筑与环境的融合,配上立面的木质条纹与屋顶草皮,真正做到了建筑是景观的一部分,使得学校建筑也成为小镇的一道景观,呈现出景观与建筑协调互融的状态。

第二,重视非正式学习空间同一空间的多种复合功能。复合式是让同一空间具有多重教育功能的设计手法,拜尔高中设计团队在复合式空间利用方面作了大量探索,主要体现在食堂、廊道与中央大厅三个方面。复合空间的理念打破了人们对于单一功能空间的刻板印象,让"食堂用来用餐,走廊用来通行,教室用来学习"的单线条对应关系成为过去式,在不同时间结合师生需求灵活赋予空间不同功能,也让空间在同一时间发挥多种功能,极大提升了空间的利用率。

一是食堂,在寻常的学校设计中食堂仅具有餐饮功能,在非就餐时段基本处于空闲状态。大部分学校食堂的设计,仅仅考虑满足全校师生的用餐需求,由此大部分学校食堂虽然面积大,但利用率却很低。为此,该学校将教育功能融入食堂空间,引入了餐厅的多教育场景设计理念,即在用餐时间食堂发挥其就餐功能,在上课时间食堂则可作为多媒体教室进行授课,在课后时间食堂又可作为讨论空间供师生使用。二是廊道,通过宽度加宽与增设不同座位等形式,廊道由仅供通行的单一功能升级至"交通廊道"与"学习廊道"合一的复合式,成为拜尔高中非正式学习的重要场所。由于廊道遍布拜尔高中校舍内部,非正式学习空间也随之实现泛在分布,营造出校内"时时处处可学"的条件与氛围。三是中央大厅,它的设计更加彰显空间功能复合利用的特点。得益于选址位于学校中心的特殊优势,以及良好的通高与采光条件,在设计定位上它既是中央大厅,也是活动和表演的场所,从而集交通、学习、社交、生活等多种功能于一体,实现了空间利用最大化的目的。此外,为更好地响应学生的研究性学习与自主性学习的需求,拜尔高中将图书馆与计算机教室合并建设,功能上整合定位为图文信息中心,并重视空间的室内装饰与信息化设施配备,由此图文信息中心成了师生的多元学习中心,功能上可在正式学习与非正式学习之间自由切换,能提供多种类型的学习活动。

第四节　中国北京四中房山校区:
开放与对话的新型校园

近年来中国日益重视学校基础设施建设,投入大量资金新建或改造了众多中小学校,有力提升了基础教育学校的办学条件,并为新型教与学方式的实践提供了扎实的物质条件支持。2014年8月底,百年老校北京第四中学房山校区新校园建成投入使用。项目占地约45000平方米,建筑面积51000平方米,为36班规模的完全中学。

房山校区以开放、绿色与对话交流为核心设计理念,重视建筑的仿生学设计和在地非正式学习的课程资源设计,将学校空间隐喻为"根茎"体系,通过大量创新且卓越的空间规划设计,入围2015年伦敦设计博物馆"年度设计奖",并获得美国建筑师协会纽约分会颁发的2015年优秀设计奖,学校也成为国内第一个通过"绿色三星"认证的中学建筑(见图3-13)。它是中国新型学校建筑一项富有意义的创新探索。

图 3-13　北京四中房山校区鸟瞰

来源：OPEN 建筑事务所，苏圣亮、夏至摄。

一、崇尚开放的校园学习空间规划

北京四中房山校区建设用地条件一般。该地块虽然规整，然而相对于较大的办学规模，房山新校区的生均占地面积并不算宽裕，建筑容积率超过 1.0，可以说非常紧张。即便运用最经济节约的常规设计都会显得十分局促，并且很容易建成一所"千篇一律"的学校。最重要的是学校坚持要建 400 米跑道，落实该要求要占近一半的用地，唯有超常规设计才是出路。

项目引入开放的设计理念。项目选择"开放"设计的总体方向，应该说是教育改革新趋势、学校办学理念、场地条件和主创设计团队等多因素综合作用的结果，多方凝聚合力建成了这所"开放式结构的花园学校"。

近年来中国基础教育日益倡导素质教育,重视德智体美劳五育并举全面发展,开放办学成为重要的改革方向之一。北京四中是百年名校,有着深厚的文化底蕴与开放探索的教育精神,并以引领中国教育的变革与创新为使命。事实上,北京四中有创新学习空间建设的历史渊源,20世纪80年代老北京四中的"六边形"教室,已开创了一代普通教室创新设计的先河,用今天的眼光来看,依然富有开放性与创新性。房山校区项目的设计方是OPEN建筑事务所,延承经典现代主义建筑的理念与手法,善于用自然、开放、灵活与丰富的手法,创造宜人的体验空间。上述多重要素,在一定程度上决定了北京四中房山新校区先天富有的开放气质。

校舍建筑在水平方向实施开放灵活的平面布局。建筑方案彻底抛弃了教学楼与教学楼或实验楼平行,南北走廊垂直相连而贯穿的常规做法。基于对教改趋势与学生身心特点的分析,建筑总平布局非常重视空间的自由与灵活性,旨在能与未来多变的教学活动有更好的呼应性。总平布局大胆引入了大体量"活动长廊"的手法,采用开放的动感流线,使其贯穿于南北四幢教学楼,抛弃了传统笔直、漫长、枯燥的走廊形象,解决了校内的交通流线问题,形成连续的自由形态,更为重要的是超宽走廊成为孩子们重要的开放交流与活动空间,也为未来"不确定的学习"作了充分的预留,对师生的非正式学习尤其具有意义(见图3-14)。"活动长廊"两边的分支建筑以某种看似随意的扭转或折边加以处理,突破了传统僵硬的正交布局,进一步丰富了各类围合的学习空间,从而带来了建筑形态上的活跃与变化。此外,对于小体量空间的规划,通过门、窗或通道的处理,非常注重"自由通透"的引入,使得室内空间非常自然地向户外进行了开放与延伸,也很好地解决了自然采光问题。

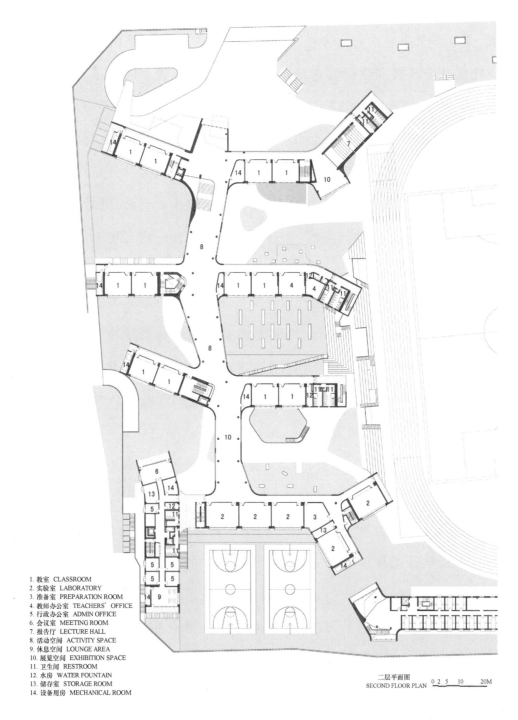

1. 教室 CLASSROOM
2. 实验室 LABORATORY
3. 准备室 PREPARATION ROOM
4. 教师办公室 TEACHERS' OFFICE
5. 行政办公室 ADMIN OFFICE
6. 会议室 MEETING ROOM
7. 报告厅 LECTURE HALL
8. 活动空间 ACTIVITY SPACE
9. 休息空间 LOUNGE AREA
10. 展览空间 EXHIBITION SPACE
11. 卫生间 RESTROOM
12. 水房 WATER FOUNTAIN
13. 储存室 STORAGE ROOM
14. 设备用房 MECHANICAL ROOM

二层平面图
SECOND FLOOR PLAN   0 2 5 10   20M

图 3-14　房山校区二层平面图

来源:OPEN 建筑事务所。

校舍建筑在垂直方向实施创新型开放设计。房山校区重新审视了地面空间的价值,强调空间多一分"花园"的理念,因此创新性地引入了"三层空间"的处理手法,形成了更为开放化的多元格局。一是大面积利用地下空间,一些大体量、非重复性的校园公共功能,如食堂、大礼堂、体育馆、游泳池、音乐教室、舞蹈教室等安置在了地下或半地下空间,如此这些空间的面积可不纳入计容建筑面积,为解决容积率问题提供了积极补益。这些功能用房对层高的不同要求自然推动地面隆起形成了不同形态的人工"山丘",由此使得原本平坦的地面变得更富有"自然野趣性"(见图3-15)。二是地面层的大面积架空化处理,不仅为绿化预留了大量空间,而且成了对师生非常有价值的交流空间,成了学校重要的非正式学习的场所(见图3-16)。三是二层以上规划为教学空间,按照功能设置普通教室和实验室等空间,并不时留有各类开放空间,教学空间犹如"漂浮"在一个大花园之上。相对于地下空间的自由与灵性,二层以上的教学空间则相对严谨与标准化,并带着空间必要的重复性。

图3-15　地下、地面和地上多层次性的校园空间布局

来源:OPEN建筑事务所,苏圣亮、夏至摄。

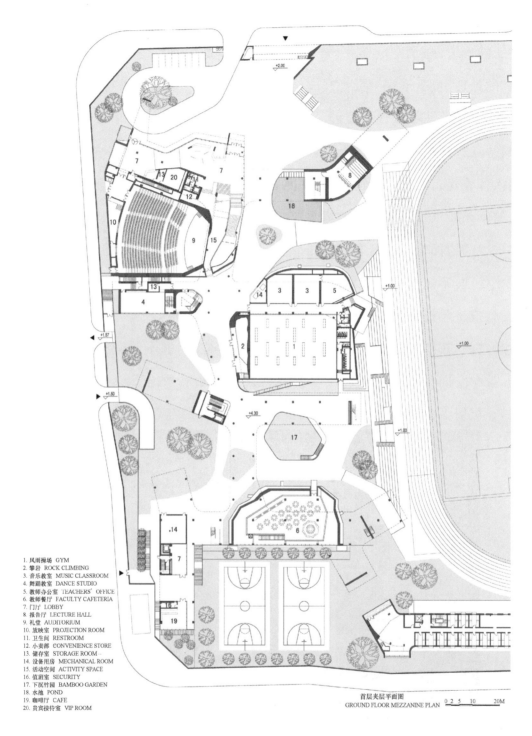

1. 风雨操场 GYM
2. 攀岩 ROCK CLIMBING
3. 音乐教室 MUSIC CLASSROOM
4. 舞蹈教室 DANCE STUDIO
5. 教师办公室 TEACHERS' OFFICE
6. 教师餐厅 FACULTY CAFETERIA
7. 门厅 LOBBY
8. 报告厅 LECTURE HALL
9. 礼堂 AUDITORIUM
10. 放映室 PROJECTION ROOM
11. 卫生间 RESTROOM
12. 小卖部 CONVENIENCE STORE
13. 储存室 STORAGE ROOM
14. 设备用房 MECHANICAL ROOM
15. 活动空间 ACTIVITY SPACE
16. 值班室 SECURITY
17. 下沉竹园 BAMBOO GARDEN
18. 水池 POND
19. 咖啡厅 CAFE
20. 贵宾接待室 VIP ROOM

首层夹层平面图
GROUND FLOOR MEZZANINE PLAN   0 2 5 10   20M

图 3-16　建筑首层平面功能布局图

来源：OPEN 建筑事务所。

二、打造丰富的对话交流型非正式学习空间

房山校区的建筑空间设计,不仅重视建筑形态创新,而且深入关注并思考真实的"校园世界"和"教学活动",试图超越传统学校设计范式,通过创新建筑去为学校规划"一个新的学校体系"。建筑空间非常关注师生的"交互性"与"对话性",方案中注入了大量不同尺度、富有私密性并富含情感内涵的空间,致力于通过丰富的自然形态和多层次的社交空间的打造,鼓励师生在校园空间中有更多的漫步、玩耍与相遇,为师生建立舒适与高品质的育人环境。

设计促进人际对话的交流空间。房山校区融入了大量社会交往空间,它们分散在走廊、公共空间、楼梯转角、架空层、坡地和室内空间之中(见图 3-17)。这些空间具有不同的尺度和体量,不同程度的私密性,并基于青少年的特征而被赋予丰富的情感内涵。多样化的交流空间,对于生生对话、师生对话,小团体或大团体的社交活动,促进学生知识以外的"软技能"培养,如辩论能力、批判性思考能力等,具有重要的价值与意义。事实上,这些空间的配置,使得整个校园随时都可以转变为课堂,促进师生在这些非正式学习空间中开展有价值的学习。

设计促进学生与环境对话的空间。虽然用地空间紧张,方案留置了大量的地面绿化,结合地下空间隆起形成的"山丘",形成了花园式的自然美景,为学生提供了较为丰富的自然探索场所。更为值得注意的是方案的"屋顶农场"设计,整个教学楼顶覆盖了泥土,并按照班级数划分为了 36 块实验农田,成了孩子们重要的课程基地,有利于提升他们的动手实践能力与生物知识储备。

图 3-17 公共空间中的对话交流空间

来源：OPEN 建筑事务所，苏圣亮、夏至摄。

设计促进学生与建筑持续交流的空间。枯燥乏味或单调、缺乏创造性的空间，难以激活学生的热情与创造力，或者说学生很少喜欢"死板"的空间，他们天生具有求新、求异、求变化的驱动力。房山校区的建筑设计，读懂了孩子们的心灵，非常注重变化性，减少同类性，营造空间的变化美。以楼梯设计为例，所有楼梯是全然不同的；所有窗体系统的尺度设计，则以斐波拉契数列即黄金分割为基础，通过多种不同的模块化窗体的排列与组合来获得无限的可能性（见图 3-18）。丰富的空间变化，增加了场所的吸引力与新鲜感，校园生活也不再单调乏味。

图 3-18 房山校区室内外建筑空间

来源：OPEN 建筑事务所，苏圣亮、夏至摄。

三、建设在地生态绿色非正式学习的课程资源

当前全球面临日益严峻的环境问题与能源危机,中国也不例外。作为公共建筑中占比很大的学校建筑,践行绿色可持续理念是历史担当与大势所趋。房山校区在设计之初,便确立了要建设成为"新一代绿色学校典范"的目标,重视建筑的绿色生态性,也强调通过学生真实的绿色建筑体验,告诉一代代年轻人要学会尊重自然,与自然和谐相处,注重让这些设计成为师生可开展非正式学习的重要课程资源。项目因地制宜,结合自身特点,使用了多种适合的、经济的绿色建筑技术(见图 3-19、图 3-20)。

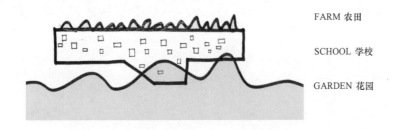

FARM 农田

SCHOOL 学校

GARDEN 花园

图 3-19 绿色校园建筑的垂直方向空间布局

来源:OPEN 建筑事务所。

重视充分运用自然的力量,实施被动式绿色建筑设计。一是降低能耗需求,方案将大体量集体活动空间,如体育馆、食堂等置于地下及半地下,与地面的庭院巧妙地相互融合,通过充分运用地下空间的"调温效应"与空气对流,大大降低了功能用房对能耗的需求。二是重视自然通风,房山校区采用的大体量架空层设计,充分考虑了校区内"风"的微循环生态,改善了空气流通,并有利于环境舒适。三是积极优化自然采光,良好的自然采光不仅有利于营造舒适的学习环境,提高学业表现,同时有助于降低能耗。一方面对于

地下、半地下空间采用竖井采光、坡面漫反射采光等多种方式,提升空间自然采光性;另一方面则是加强遮阳设计,对普通教室、办公室等空间引入了"窗套外遮阳"的处理手法,有效控制进光量,特别是对西晒提供了很好的解决方案。

重视能源优化使用,降低资源消耗。方案采用了新的节能空调系统,一方面在普通教室、办公室、寝室等常用空间,采用了多联机空调系统替代传统的单机空调,通过集约化配置提高了能源利用率。另一方面在大礼堂、餐厅等非经常使用空间,则引入了地源热泵系统,这种高效节能环保型空调系统,通过充分运用地下浅层地热资源,提高了自然能源的利用率。此外,学生寝室区域,还引入了大规模太阳能热水系统,可完全满足学生洗漱的热水使用需求,进一步降低了人工能源消耗。此外,项目的屋顶绿化,也极大降低了能源损耗。

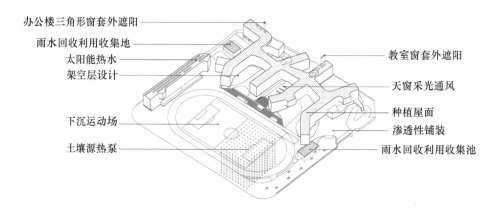

图 3-20　房山校区各类绿色建筑技术示意图

来源:OPEN 建筑事务所。

重视空间节水,营造绿色生态环境。除了大面积绿化外,项目引入了雨水回收系统,对操场和篮球场进行雨水收集利用,通过渗排管和排水沟,引入专门的雨水收集池储存。处理后的中水主要用作景观补水、道路清洁和绿化灌溉等。各类水管、洁具等采用了多种节水技术。此外，重视校园地面的海绵性，整个地面没有浇灌的水泥，反而是直接用绿色植被覆盖全部原始地面，在步道空间引入透水砖的铺装。

此外，该项目也重视节材，整个项目使用了简单、自然和耐用的材料，如竹木胶合板、水刷石、石材和清水混凝土等。

学校建筑是受制规范较多的公共建筑，时常受投资、时间与土地的限制。北京四中房山新校区，以其创新的理念与设计手法，给中国新型学校建筑特别是非正式学习空间的规划与设计，提供了有益的尝试和更多变革的信心，也为中国新建学校学习空间的设计提供了值得学习与借鉴的样板。

第四章

非正式学习空间设计的
理论视角

非正式学习空间的设计基于多种跨学科理论,不仅揭示了学习空间中非正式学习发生的认知机制,而且为如何更为合理地设计非正式学习空间提供了理论指引。学校非正式学习空间的设计,不仅要重视教知识与育文化并举、满足不同的非正式学习形态、体现灵活可变的学习场景、师生为本的人性舒适空间等设计理念,也要体现整体有序、功能适用、安全易达、共同建设等设计原则。

第一节　多维理论下的空间设计启示

非正式学习空间的设计是一个多学科交叉领域,与建筑学、环境心理学和学习科学等密切相关,特别是建构主义学习、具身认知学习、第三空间理论和偶发学习理论,对学校非正式学习空间的设计具有重要的启示意义。

一、建构主义学习与空间的情景化设计

建构主义思想源远流长,内涵丰富。[①] 最早由瑞士心理学家皮亚杰(Jean Piaget)提出,如今体现建构主义思想的教育学,已成为全球学术界所普遍接受的理论,并对学习空间的规划与设计产生了重要的影响。

(一)建构主义学习理论的主要观点

建构主义认为学习是一种社会性的对话与建构活动。学习者是信息加工主体,以自己原有的丰富经验为基础,通过与外界的相互作用而开展知识意义的主动建构。强调通过自身的主体性进行知识建构,而不是被动地接受现成知识。[②] 知识是发展的,是内在建构的,并以社会和文化为中介;学习者在认识、解释、理解世界的过程中建构自己的知识,在人际互动中通过社会性协商进行知识的建构。[③] 建构主义的学习论,体现了三个特点:一是知识的社会性,是在社会与文化生活中"建构"出来的,是学习者在新旧经验之间主动重构与再构的结果。二是学习的社会性,学习的本质就是对话与合作,通过在开放性社会系统中的相互合作与互为启发,促进知识的理解与建构。三是学习的情景性,学习应发生在有意义的情景脉络之中,情景是学习过程的重要组成部分。

建构主义对学习环境建设重视四大要素。一是情景,一方面学习的任务

[①] 　建构主义思想流派较多,主要有激进建构主义、社会建构主义、社会建构论、社会文化认知观、信息加工建构主义和控制系统论等,其中尤以社会建构主义思想最为引人关注。

[②] 　钟启泉.知识建构与教学创新:社会建构主义知识论及其启示[J].全球教育展望,2006(8):12-14.

[③] 　邵兴江.学校建筑:教育意蕴与文化价值[M].北京:教育科学出版社,2012:79.

情景应与现实情景相似或逼真,着力构建有意义的真实性问题情景①;另一方面学习情景应将学习者的知识建构与问题解决两者融在一起,开展真实性的学习实践。二是协作,重视学习者之间的协同与合作,共同开展问题的探讨、分析和解决;认为合作学习具有重要的教育意义,能比单独学习学到更多的知识②。三是交流,交流是协作学习的重要环节,不仅关注学习者个体的主动建构,同时非常关注学习者之间的对话与交流,强调在交往与对话中促进知识认知的全面化与丰富化。四是意义建构,它是知识学习的最终目标,重视学习环境对有意义学习即事物的性质、规律与联系等领域认知的重要支持作用,旨在促进学习者新旧经验之间的持续互动,经迭代升级而形成学习者新的知识。

(二)促进建构的情景化空间设计

建构主义学习论强调学习的情景和日常生活世界相联系,学习是学习者在社会环境中的有意义建构,由此学校的学习环境构建应具有信息性、社会性和空间性,促进学生成为环境中的主动学习者。③ 学校校园的非正式学习空间,是师生建构学习的重要场所,需要着力提升空间对建构学习的支持作用。

第一,非正式学习空间建设要重视与建构学习相关的资源提供。一方面,师生的建构学习不局限于教室,可发生在校园的任何时间与地点,整个校园都有条件成为有意义学习的发生场地。学习资源要便于随时随地学习的发生,空间设计应重视泛在化学习资源和学习场地的配置。另一方面,要促

---

① 这方面更多阐述参见课题组相关文章。刘徽.真实性问题情境的设计研究[J].全球教育展望,2021(1):26-44.

② 钟启泉.知识建构与教学创新:社会建构主义知识论及其启示[J].全球教育展望,2006(8):12-14.

③ Dovey,K. & Fisher,K. Designing for Adaptation: The School as Socio-spatial Assemblage[J]. The Journal of Architecture,2014,19:43-63.

进师生学习经验的建构,应重视蕴含有"经验"的学习资源以合理的方式融入校园空间,如促进学生认知建筑结构的裸露建筑墙体,便于学习者的"经验"积累与积极建构。

第二,空间重视建设合作与交流空间。建构主义学习重视学习者的社会性对话与交流,重视通过在集体中互动、磋商、讨论而进行知识的社会建构,重视引入基于项目的学习、合作性学习、辩论式学习等学习方式。因此,在专用类非正式学习空间中,要着力体现对话与交流导向的空间建设,如项目化学习空间、小组研讨室、模拟联合国教室、路演学习空间、学习成果展示廊等场所。在公共开放空间中,应多设不同规模的合作学习区,构建有利于学生跨班、跨年级合作交流的灵活学习空间。

第三,空间重视面向学生建构学习的"境脉"营造。建构主义学习非常注重有意义学习的"境脉"营造,力图超越传统型的剥离情景、抽象概念和规则式的学习方法。因此,空间宜尽可能建设"真实性问题情景",合理利用学校户外空间、社团活动空间等场地,如在庭院中设本地矿石公园,在景观中设农作物种植园等,构建体现情景逼真性导向的非正式学习空间,使学习者有机会在"真实情景"中探讨、分析和解决问题,促进知识在与环境的交互中得到完善,从而提升面向真实世界问题解决的能力。

二、具身认知学习与空间的具身设计

长期以来,学习被认为是一种"离身"的精神训练,并不需要身体的参与。以胡塞尔(E.G. Albrecht Husserl)、梅洛-庞蒂(M. Merleau-Ponty)为代表的学者的深入研究,逐步促成了具身认知理论的成熟。它超越了传统身心二元论为基础的教育观,也拓展了学习空间建设的新视野。

（一）具身认知学习的主要观点

具身认知充分认识到"身体"的重要性，认为认知就是身体感官在与外界环境的交互中形成的主体意识。该理论认为：首先，认知、身体和环境之间是相互嵌套、不可分离的；认知存在于大脑中，大脑存在于身体中；认知是附着于身体各种感官所产生的经验，而身体融入不同的物理、生理和文化环境中，三者均不可或缺。[①] 其次，它形成了超越传统的新知识观，即知识是在认知主体与认知对象、环境之间互动的过程中逐渐建构形成的，具有鲜明的涉身性、情境性与生成性特征。再次，形成了新学习观，即学习是学习者充分整合所处的自然环境与机体内部的生理资源，促进知识建构发生的过程，需要重视身体对知识学习的作用，提供知识学习所需要的环境。最后，形成了新教学观，即理想的教学是具身的，具有感官参与、身心统一与身体力行等特征，强调身体体验和采用做中学等教学方式。[②] 显然，该理论真正把"身体"作为认知与思维的主体，倡导身心一体论，强调"身体"对心智塑造的重要作用。

具身认知的学习环境是包含多个子环境共生内嵌、变化生成的环境。它包括学习所需的学习资源环境、进行问题探究的参与体验环境、开展积极互动交流的社交环境、促进身体动作或心理动作"感知—行动循环"的支持环境，以及引导学习主体从不同角度进行思考的反思环境，通过学习主体的行为参与、认知参与和情感参与等，学习成为身体、认知与环境持续互动的过程，实现"认知—身体—空间"参与的一体化，如图 4-1 所示[③]，富有开放性、复杂性、适应性和生成性等特征。在具身认知学习中，各类子环境要素相互影

---

① 李志河,等.具身认知学习环境设计:特征、要素、应用及发展趋势[J].远程教育杂志,2018(5):81-90.
② 范文翔,赵瑞斌.具身认知的知识观、学习观与教学观[J].电化教育研究,2020(7):21-27.
③ 杨玉宝,谢亮.具身认知:网络学习空间建设与应用的新视角[J].中国电化教育,2018(2):120-126.

响、有机共生形成"境脉"丰富的学习环境,换言之,主体认知的形成离不开身体感官与外界的交互,认知不能脱离具体情景而独立存在。

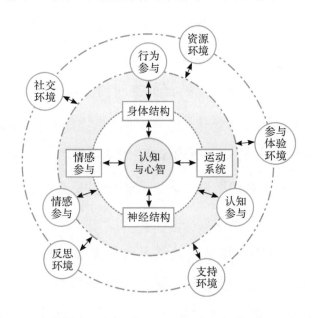

图 4-1　具身认知的"认知—身体—空间"参与的一体化模式

(二)面向具身认知的空间设计

面向具身认知的非正式学习空间设计,重视身体与学习环境的内生共嵌,重视调动学习者身体各种感知器官的积极参与,通过身体与学习环境的沉浸式深度交互,形成富有交互性的具身环境设计,动态推进知识的习得与能力的发展。

第一,空间设计要提升身体与环境深度互动的感知通道。结合认知是具身的、情景的,是身体与环境交互的特征,在空间设计中要丰富学习者的触觉、听觉、视觉等感知锚点,特别是提升可感知环境的设计水平,提升身体与外界之间交互与体验的广度与深度。同时,学习环境要重视"技术支持的具身环境设计",借助"技术"促进人的身体感知范围和域限的扩展,发挥技术在看、听、测等领域所具有的工具优势,实现师生身体感官的技术性"延展",如数字化显微技术、VR 技术等,从而提升学习者的学习沉浸感和在场认知感。

第二,空间设计要多设可实践具身认知的非正式学习空间。具身认知强调与外界环境的交互,重视身体力行、感官参与和基于情景的体验,在校园建设中要加强体现真实性问题情景特征的空间创设,如校园农场、项目化学习空间、创客教室、模拟联合国等具身实践空间,并结合学习主题为学习者提供具有较高感知性和促进"感知—行动循环"的学习资源。当然,所提供的学习资源应在学生认知能承载的范围之内。资源应当要有所选择,竭力避免提供超过学生认知负荷的学习资源。

第三,空间设计要体现积极调动学习者身体的导向。一方面,非正式学习空间的形态、色彩、温度、照明和尺度等因素,要体现人性化与舒适化的设计,体现解放师生身体的导向,激活学习主动性,保障师生有愉悦的学习体验。另一方面,空间体现灵活开放性设计,学习桌椅和教学设施的配置,要有"身体自由度"意识,平面布局与功能设置要便于师生自由探索与交流,从而更好促进具身学习的实践。

三、第三空间理论与第三空间的设计

学生的在校生活,并非只是教室—运动场的"两点一线";教师的在校生活,也不只是教室—办公室的"两点一线"。在学校中还有不少空间是师生"两点一线"之外可开展非正式学习的"第三空间"[①]。

---

① 美国后现代地理学家爱德华·索亚(Edward W. Soja)基于法国社会学家亨利·列斐伏尔(Henri Lefebvre)的《空间的生产》的学术思想基础上,提出了另一种"第三空间"的论说,第一空间是物质化的实体空间,第二空间是观念意义上的"构想"的空间,第三空间是对前两者的重构和超越,既是物理空间也是想象空间,处在无限开放和流动的状态之中。本书所指的"第三空间"与索亚的"第三空间"并非同一理论。

（一）第三空间理论的主要观点

空间理论中除了"学习空间是第三任教师"外[①]，另一个非常有影响力的带有"第三"两字的学说是第三空间理论。1989 年，美国社会学家雷·奥尔登伯格（Ray Oldenburg），在其出版的《绝佳场所》（The Great Good Place）一书中提出了第三空间（third places）的概念。[②] 该书于 1991 年和 1999 年再次出版，引起了社会科学界的广泛反响。在奥尔登伯格看来，人们的日常生活世界可以分为三类空间，即第一空间是人们的家庭生活空间，第二空间是人们在职业场合的工作空间，而第三空间是除了上述空间以外，能自由交流与活动的空间。例如咖啡吧、社区中心、图书馆、酒吧、购物场所、公园等，这些空间被奥尔登伯格认为是"社区里社交活力的心脏"。人们能够放下很多顾虑，享受纯粹陪伴与交流的价值。在这些场所的时光中，人们既没有来自家庭的角色束缚，也没有来自工作的身份等级，从而能更好放松身心并有比较愉悦的空间体验。

第三空间理论体现了多方面的空间观点。首先，空间中的人具有平等的特征。在此类空间中每个人的身份都是平等的，不受职业身份、性别、年龄等属性的约束。其次，空间中的人具有自由的特征，人们可较为自由地释放自己，在空间中的行为与交流方式有较大的自由度，在空间的停留时间长短可由自己把握。再次，空间具有开放的特征，包容性地欢迎所有人，允许不同的人自由进出。最后，空间的选址上，宜距离近、方便，不会难以到达。

"第三空间"理论在真实社会得到了积极认可。世界 500 强企业星巴克

---

① 有关基于"第三任教师"的学习空间设计方法，可参见. Pigozzi, O. W., et al. The Third Teacher: 79 Ways You Can Use Design to Transform Teaching & Learning[M]. New York: Abrams, 2010.

② Oldenburg, R. The Great Good Place[M]. Saint Paul, MN: Paragon House, 1989:4.

连锁咖啡是最好的诠释和应用案例。该公司在过去几十年中积极引入"第三空间"的理念经营咖啡店,成功地为全球顾客营造了一个社交活动空间,人们在其中可自由开展交流、冥想、看书或写作等多种活动。

(二)师生第三空间的设计

学校需要建设具有"第三空间"理念的场所。对学生而言,需要有一些场所允许自由打发时间并放松情绪,可自主开展探究学习或闲暇交流。对教师而言,需要有可以兼具专业工作和放松身心的舒适空间,允许教师放松心情、交流工作和转换情绪。学校的图书馆、教师交流空间、茶吧或咖啡吧、开放式学习区等空间,是校园第三空间建设的绝佳候选空间。师生也喜欢这些空间,有研究调查发现当问及校园中是否存在这样的空间时,80%的学生都能描述一个他们经常驻足,社交休闲或学习阅读的地方。[①] 不少学校已把图书馆、茶吧或咖啡吧等空间的建设,作为提升师生幸福感的重要途径。

学校"第三空间"的设计,应建设具有教育特性的空间。空间的设计宜积极体现"平等、自由、开放"的理念。首先,空间应到达方便,便于师生平等与自由使用。空间选址宜临近主要教学空间,空间开放时间宜较长,并允许师生相对自由进出。其次,空间舒适,功能多元。空间环境宜温馨舒适,有一定的室内装饰设计。空间的功能布局、家具配置、网络联通、学习资源供给等,能考虑不同师生的多元使用需要,便于各类非正式学习活动的开展。最后,空间中的部分区域宜为交流区,便于促进不同师生群体的交流与互动。有需要的学校可配置一定的咖啡吧或茶吧。需要特别指出的是,学校的第三空间建设应突出教育属性,与社会公共空间的第三空间建设要有所区别。应结合

---

① Banning,J.H., Clemons,S. & Mckelfresh,D. Special Places for Students: Third Place and Restorative Place[J]. College Student Journal,2010,44(4):906-912.

学校是立德树人场所的特殊属性,着力突出学习研究、休憩交流的功能。如有学者指出,若以第三空间理念建设图书馆,应将"第二空间即工作的生产性,以及第一空间即家的安全、舒适和归属感,与第三空间合并在一起"①,突出空间的知识情景和独特文化形态,建造更有利于师生知识获取、加工创造、交流与共享的空间。

四、偶发学习与空间的偶遇设计

人们在日常学习的过程中,常有不少偶然发现与意外收获,即受偶然因素影响而随机学习,或会对后续的学习产生重要的价值与意义,这是学习中重要的偶发学习。

(一)偶发学习理论的主要观点

偶发学习是一种重要的非正式学习。人们在有关非正式学习的研究中,发现有不少学习属于偶然中进行的学习②,是一类没有明确目的的非正式学习。1990 年,美国成人教育家马斯克与瓦特金斯(Victoria J. Marsick & Karen E. Watkins)两人正式提出了"非正式与偶发"学习理论,认为它与正式学习环境中的结构化、精心设计的学习形成鲜明对比,有不少学习是在偶然之中或隐匿情况下进行的。③ 学习中经常有信息偶遇,即人们在没有任何目的和预期的情况下,意外遇到了有趣或有用的,能满足自己需求的信息,并

---

① Watson, L. Better Library and Learning Space: Projects, Trends and Ideas[J]. Australian Academic & Research Libraries, 2014, 45(3): 235-236.

② Manuti, A., et al. Formal and Informal Learning in the Workplace: A Research Review[J]. International Journal of Training and Development, 2015, 19(1): 1-17.

③ Marsick, V. J., & Watkins, K. E. Introduction to the Special Issue: An Update on Informal and Incidental Learning Theory[J]. New Directions for Adult and Continuing Education, 2018, 159: 9-19.

激发了偶发学习。① 在新冠疫情大流行时代,偶发学习对人的能力发展更具有重要性。② 从学习发生的机制来看,偶发学习某种意义上是社会建构主义学习的一种。

偶发学习具有非预设类非正式学习的特点。偶发学习常没有鲜明的组织性与制度性,一般无明确的学习设计,发生在丰富多样的社会文化或活动之中,其所应对的常是"结构松散性问题"。偶发学习具有六大方面的特点:存在于人们日常生活的互融、互动中;受内在心理或外在情境触动而引发;不存在强烈的意识化痕迹;学习随机而生、随遇而成;是对行动与反思的逻辑感应过程;与其他学习方式相互关联、相互依存。③ 也有学者认为非正式的偶发学习具有非计划性、非结构化、过程有时不完整等特点。④ 基于美国心理学家加涅(Robert M. Gagne)提出的信息加工模型,信息偶遇加工的偶发学习包括偶遇信息、引起注意、知识习得、偶遇信息应用、偶发学习结束五个阶段。⑤ 偶发学习,往往是因某一个"事件"而触发。

(二)促进学习偶遇的空间设计

校园中的非正式学习,不少具有非计划性的偶发学习特征。相关空间的设计,要意识到偶发学习的客观存在及其重要意义,要通过空间设计有目的地加强有意或无意的偶发学习,创造更多从"无意偶遇"到"有意偶遇"的可能性,促进更多有意义的非正式学习的发生。

---

① 张倩,邓小昭.偶遇信息利用研究文献综述[J].图书情报工作,2014(20):138-144.

② Watkins, K. E. & Marsick, V. J. Informal and Incidental Learning in the Time of COVID-19[J]. Advances in Developing Human Resources,2020,23:88-96.

③ 曾李红,高志敏.非正式学习与偶发性学习初探——基于马席克与瓦特金斯的研究[J].成人教育,2006(3):3-7.

④ 赵蒙成.职场中非正式的、偶发学习的框架、特征与理论基础[J].职教通讯,2011(5):37-40.

⑤ 徐建东,王海燕.网络环境中的信息偶遇与偶发性学习[J].宁波大学学报(教育科学版),2017(3):70-75.

第一,空间的设计重视"事件"呈现的可能性。偶发学习常因"事件"而触发,因此促进有意义偶发学习的高频发生要重视相关情景的创设。例如可通过在校园里散布丰富的学习资源,如在走廊橱窗中摆设科学器材、张贴报纸与学习资料等。[①] 在校园中有意识地加强某类学习主题的呈现,如主题文化长廊,能在潜移默化中促进师生在该领域的认知发展。

第二,空间的设计重视偶发学习的更多发生。要结合学校师生学习忙碌、课间时间短、学习兴趣主题多等特点,进行偶发学习空间的合理布点。一方面,要在师生人流进出较多的区域,多设小型讨论区或驻足区,如在教学楼较长走廊上多设凹室而形成涡流空间[②],并设灵活组合的桌椅和书写白板,促进即兴交流的发生;另一方面,也要将学生可能感兴趣的学习主题,分门别类有组织地加以共享呈现,使师生更易偶遇感兴趣的学习资源。

第二节　非正式学习空间的设计理念

在全球社会百年未有之大变局时代,非正式学习空间建设需要主动拥抱未来,在遵循建筑设计安全、实用、经济、美观等一般原则的基础上,突出空间的教育性、丰富性、场景性和人本性四大视角,科学统筹空间的价值导向、体系化建构、场景化建设和人性化设计,坚持数量与质量并重,创新思维与底线思维并行,全面革新建设理念,不断提高建设水平。

---

① 邵兴江.学校建筑:教育意蕴与文化价值[M].北京:教育科学出版社,2012:167.
② 此处的涡流空间是一个隐喻。活水在河流或水渠的流动过程中,常因通道周边的凹空间而形成水团的涡流现象,促进了成分的交换。在此比喻不同师生在此交汇学习。

一、教知识与育文化并举的环境

非正式学习空间不仅仅是师生学习知识的空间,也是习得文化的场所。推进非正式学习空间的教知识与育文化并重,是落实立德树人根本任务的重要载体之一,也是培养全面发展学生的题中应有之义。毋庸置疑,学校空间既是实用的物质空间,满足一定的教育功能,又是一个文化的载体,承载多维文化使命,彰显丰富的文化意义,并对师生的精神品质和个性行为产生潜移默化的影响。[①] 非正式学习空间也不例外,它是显性知识与默会知识的有机共构,是物质性功能与精神性功能合为一体。物质性功能体现空间的客观性,是空间在物理意义上提供的使用功能;精神性功能是空间客观性与师生主观性的同频共振与文化习得。因此,不仅要充分考虑空间的教知识功能,促进师生知识的学习、分享与创造,这是它作为教育建筑理应具有的首要属性;也要系统考虑空间的育文化功能,促进主流价值观和先进文化的引领与辐射,它是非正式学习空间建设很容易被忽视的维度。

非正式学习空间不仅可以学习知识,而且在传播文化方面具有独特优势。非正式学习空间相较于其他类型学习空间,更容易展示学校文化。一方面,它们大都位于校园公共区域,具有周边人员流动大、辐射广的特征,在承载学校精神文化、传播主流价值观、融合空间的课程思政等方面具有其他空间所不可比拟的优势。另一方面,非正式学习空间的场地灵活,面积大小不一,空间形态允许因地制宜地多样设置,具有文化展示形式受限小、交互体验感强等特征,有利于以更具文化表现性和感染力的形式展开文化传播。教知

---

① 邵兴江.学校建筑:教育意蕴与文化价值[M].北京:教育科学出版社,2012:4.

识与育文化并举,宜协同建设,需在两个维度上同步推进:

第一,落实空间的教育性功能,促进知识的传播与创造。在学校校园的教学区、办公区、运动区、后勤区等合适空间,不论是室内、半室外或室外,应结合场地条件有体系、有目的地设置多种类型的非正式学习空间。空间宜选址合理,路径方便可达,具有基本的学习条件,并依据学科、课程、师生需求等因素,合理设置可满足个别、小组、大组学习或更为复杂学习功能的非正式学习空间,并配置相应的学习资源和设施设备,有必要的学习区还应配置信息化终端。成为学习者独立学习、合作性学习或探究性学习的重要场所,也为学生跨班跨年级的合作学习和朋辈教育提供了可能性。学校的教学楼门厅、公共走廊、图书馆、运动场、宿舍、食堂、咖啡吧、树林、草地等,都是非正式学习空间实践其教育性功能的重要场地。

第二,体现空间的文化性功能,成为校园文化建设的重要载体。一方面,在宏观层面重视学校校园建筑本身具有的重要文教作用。校园建筑属于文教建筑,也是师生非正式学习的重要大环境。布局合理、形态美观的校园建筑富有人文内涵,具有特定的校园文化与场所精神[①],潜移默化中会对师生的人格与价值观产生积极影响。校园非正式学习的大环境建设,要重视学校历史与地域文化的特色元素挖掘,宜通过特色符号的提炼转译[②],以师生能理解与喜爱的方式,有机融入校园建筑及其公共空间之中。如杭州淳安县富文乡中心小学,运用山地村落建筑手法并结合学生心中的阁楼城堡愿景,在青山翠谷中为儿童建造了一个五彩斑斓的校园,并被许多媒体称为"中国最美乡村小学",如图 4-2 所示。另一方面,重视微观层面的校园文化建设。学校可围绕选定的文化主题,通过理念文化类标语、文化标识、宣传展栏、浮雕雕塑、

---

① 舒尔茨.场所精神:迈向建筑现象学[M].台北:田园城市文化事业公司,1995:22.
② 校园空间对文脉符号的提炼不应停留在"形的表层",也应深挖表象背后的内在因素,如文化故事、生产生活方式、象征意义、价值取向等,应起到能唤醒人们共同的历史记忆与价值追求的作用。

办学成果展示、主题文化长廊、多媒视频展播、空间命名等多种形式,合理设定非正式学习的行为边界和感知阈限,结合一定的空间美学设计和施工建设,可成为文化性与美观性相得益彰的学习空间,在潜移默化中有目的、有体系地对师生起到引导、规范、凝聚与激励作用,如图 4-3 所示。需要指出的是,非正式学习空间的育文化功能,不仅具有主动建构性,还具有动态生成性,诚如英国前首相丘吉尔所言"我们塑造了建筑,而建筑反过来也影响我们",在不断创造与生成中促进学校文化推陈出新,持续向前发展。

图 4-2　杭州淳安富文乡中心小学空间大环境

来源:课题组自摄。

图 4-3　杭州拱墅区 W 中学走廊主题文化空间

来源:课题组设计。

二、满足不同的非正式学习形态

当代学校师生的学习主题与学习形式日益丰富,需要更为多元化的非正式学习空间。由此,应当坚持师生需求导向,体现教育改革方向,积极为学校构建广覆盖、有序次、全链式、多选择的非正式学习空间体系。

学校校园建设需引入"学习空间连续体"的空间观。以往校园空间通常被分为教学区、行政区、运动区、后勤区等数个板块,作为核心的教与学活动被认为主要发生在教学区。然而,非正式学习在传统教学区外广泛且普遍地存在,并成为日益重要的学习空间。因此,未来校园空间的设计,需要引入校园"学习空间连续体"的理念,加大力度多设非正式学习空间,有利于学校形成更好的"学习生态链"。具体而言,在学习空间连续体中,既有以普通教室为代表的具有结构化特征的正式学习空间,也有以图书馆、咖啡吧等为代表的具有非结构化特征的非正式学习空间,后者在校园中的类型和形式更为丰富,如图 4-4 所示。[①]　总体上,学校推进满足不同学习形态的非正式学习空间建设,需要加强多方统筹。

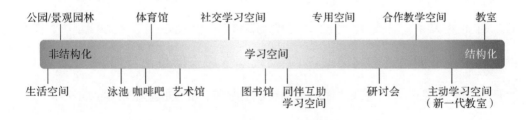

图 4-4　校园学习空间连续体

① Radcliffe,D. F. Designing Next Generation Places of Learning:Collaboration at the Pedagogy-Space-Technology Nexus[C]. Brisbane:University of Queensland,2009.

第一，统筹发挥好校长的空间领导力，运用"空间愿景法"共同描绘全校学习空间的美好蓝图。以校长为核心的学校管理团队，应重视非正式学习空间的规划，通过发挥空间领导力，即通过规划和支配使用学校空间，合理引导设计空间的"点、线、面、体"，从而依托空间的创新建设更好推动学校的跨越式发展、推动教与学变革、服务品质学习和优化校务管理。[①] 应组建空间规划共同体，邀请不同学科、专业和类别的师生参与，通过"头脑风暴法""焦点团队访谈法""思维导图""图文补全法"等途径，在清晰阐述学校的使命与愿景，清晰交代校园主要经济技术指标等基本信息的基础上，通过"学校现有非正式学习空间现状怎么样？我们需要什么样的非正式学习空间？哪些场所和空间类型是需要重点建设的方向？"等系列关键问题的深入交流，逐步形成未来建设的清晰方向，形成设计任务书、概念方案等成果。

第二，统筹处理好非正式学习空间建设的三对基本关系。鉴于非正式学习空间的类型十分丰富，因此需要基于需求、证据和场地实际条件等因素合理设计。除一般思辨性探讨外，在建设方法上要重视运用量化方法开展系统性分析，通过使用总图分析、分类空间原型图、空间体块法、空间重要性与满意度调查的 IPA 方法等工具，依托可视化图形和量化数据，着力处理好空间的三对重要关系。一是在比例上规模与结构的合理设置。在实践中不能仅依据场地条件而确定空间类型，而是要统筹考虑空间价值导向、师生需求、造价高低、运用维护等因素，开展以整个校区为单位的通盘规划，合理平衡数量与结构比例。例如，从室内外维度看，宜室内室外兼顾，而非只建室内型空间。事实上大部分学生更喜欢户外、半户外的非正式学习空间。[②] 二是在网

---

① 邵兴江.校长空间领导力：亟待提升的重要领导力[J].中小学管理，2016(3)：4-6.

② Ramu，V.，Taib，N. & Massoomeh，H. M. Informal Academic Learning Space Preferences of Tertiary Education Learners[J].Journal of Facilities Management，2021，252(11)：1-25.

点上主要与次要的合理布局。应结合师生使用频次和空间效能,着力加强高频非正式学习空间的建设,形成高、中、低有梯次的非正式学习空间体系。对学校形象展示、文化传播、学习氛围营造具有重要作用的非正式学习空间,宜适当倾斜建设。三是在功能上单一与复合的合理定位。学生的非正式学习方式动态变化,不仅需要考虑个体的多元需求,也要合理调适不同主体之间差异化甚至冲突性的使用需求。推进部分空间功能的复合性设计,包括功能要素的复合、功能的兼容使用、使用时间的分时复合等手法,有利于提高空间对需求的响应度。

第三,统筹建设好由正式与非正式学习有机组合的"学习生态链"。学校的学习空间建设,应树立整体观、有机观与平衡观,充分发挥非正式学习空间在其中的主要作用。需要站在学习空间链视角建立更具生态性的学习空间体系。一是正式与非正式两类空间应形成呼应关系。在日常,师生正式与非正式学习切换频繁,应基于整体性、易达性与适用性等原则,有计划、成体系地建设选址合理、大小合适、形式多样、功能完善的非正式学习空间,并与正式学习空间一道共同形成相辅相成、空间序次丰富的有机校园,如南昌红滩谷区 J 学校教学楼,在普通教室周边为师生的多目的学习,设置了个别化、小组和大组等多种形态的非正式学习空间,如图 4-5 所示。二是适当突出建设重点,特别是加强以图书馆为代表的非正式学习空间建设。图书馆是学校的文化基石,它在"学习生态链"中占据特别重要的地位。当代中小学图书馆的功能定位正从"书本位"向"人本位"转变,并成为学校十分重要的多元学习中心。[①] 三是校园中的咖啡吧、校园书店、食堂等空间,在非正式学习空间体系中的地位同样变得日益重要,成为可开展非正式学习的重要补充场所。

---

① 姚训琪.从"书本位"到"人本位":将图书馆升级为新学习中心[J].中小学管理,2021(4):46-48.

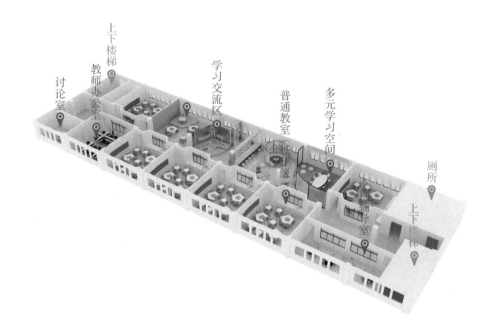

图 4-5 南昌红谷滩区 J 学校教学楼多样态学习空间

来源:课题组设计。

三、体现灵活可变的学习场景

场景思维是非正式学习空间建设的重要新理念。场景式学习是学习新形态,能让学生以积极主动、探究、学以致用的方式解决真实问题,从而使能力得到持续提升与更好发展。[①] 长期以来,人们对包括非正式学习空间在内的校园建设常以静态视角开展设计,即依托建筑学理论着重解决选址适宜、建筑美学、布局合理、功能满足、规范符合等空间问题。这种设计模式缺少动态视角下的场景化设计,容易忽视空间背后的"教育学",忽视空间中的人在不同时间和不同学习中需求的动态变化,忽视了人是场景的使用者同时也是场景的创造者,往往导致空间不能良好满足师生的使用需要。由此,需要建

---

① 陈耀华,等.发展场景式学习促进教育改革研究[J].中国电化教育,2022(3):75-80.

立学习空间场景化的设计思维,即从学习空间、学习时间、学习者、学习活动四要素框架构建面向未来的学习新场景,重视以人为中心的场景服务,重视同一个空间如何满足不同学习场景的使用需求。此外,信息技术的迅猛发展,特别是进入"互联网+"时代,一方面对空间场景化设计提出了更高要求,另一方面也为空间场景导向设计提供了新技术支撑。学校非正式学习空间的场景化建设,需在场景连接、场景开放和场景资源三大维度上加强协同建设。

第一,空间可连接多种类型的场景。首先,连接不同的学习形态,包括个别化学习、合作交流学习、社交开放学习、真实性学习等。师生可依据学习主题、学习方式和个人喜好,灵活自主选择合适的学习场景。如学校图书馆的学习场景,往往需依据师生的实际需求而灵活切换学习场景。其次,连接师生的非学习类场景,非正式学习空间不仅是学习的地方,也兼具休息、闲暇、交流甚至饮食的功能,从而更好提高师生校园生活的获得感。如杭州上城区C小学的入口广场,是学校入口空间的礼仪广场,也是日常学生休息、闲暇、交流、才艺展示和游戏活动的重要空间,具有比较丰富的多类学习场景,如图4-6所示。最后,连接在线学习场景,依托信息化、大数据、人工智能、增强现实等技术,为师生提供具有情景化、沉浸式等特征的混合式学习场景。未来伴随技术的进一步数智化,可实现线下物理场景和线上虚拟场景的高渗透融合,特别是2021年元宇宙元年的开启,加速了混合学习空间在学校应用的可能性,在不久的将来将逐步成为主流的学习场景。

第二,建设具有开放可变性的场景。在非正式学习空间中,师生的学习场景具有多变性,经常需依据学习进展而及时调整功能,因此空间设计应能满足随时可变与灵活使用的需要。从学习价值角度,开放无约束的学习场景更有利于学习者的自由学习、自主学习与创造力发展。同时,对学习空间的设计提出了更高的要求。因此,可变性应成为非正式学习空间设计的重要理念。一方面,学习空间的围合宜具有开放性,可多数边界或其中一个边界敞开,形成更具柔性的空间边界。在设计手法上可采取取消物理隔墙,或设活动隔断、玻璃隔断等手法,促进空间边界的模糊化,提升场景内学习的共享性与互动性。另一方面,空间家具配置,宜体现灵活性和移动性,体现多功能、可组合的配置思维,如可组合的学习桌以及带滚轮的桌椅,数量充足的电源插座和多媒体显示屏等,便于学习场景随时调整。

图 4-6 杭州上城区 C 小学入口广场的多目的学习场景

来源:课题组设计。

第三,建设适应场景化学习的资源。资源是学习得以开展的重要保障条件。一方面,要重视非信息化资源的建设。结合学习目标、内容、方式、学习主体的特征等多重因素,运用"PST 设计法"循证分析"教育学—学习空间—设施设备"之间的映射关系,为每一类学习场景提供适宜的图书报刊与教学设备等资源。另一方面,要重视信息化资源建设。在确定需要依托在线学习资源开展非正式学习的空间,应当配置相关信息化终端。在国家基础教育数字化转型的大背景下,有条件的学校宜不断提升空间的"数字基底",着力构建更沉浸、更个性、更智慧、更赋能的资源一体化学习场。在理念、环境、装备、资源、数据与制度等方面实施六位一体统筹,不仅要建好信息化设施硬件,也要不断提高智慧管理、智慧教学、智慧环境与智慧服务水平,特别是提高面向每位学习者的个性化学习场景服务,推送个性化学习资源,开展学习过程的"数字画像"。

四、师生为本的人性舒适空间

师生是非正式学习空间的使用主体,应坚持以人为中心的思想,体现以师生为本位的人性化设计。在设计中,不仅仅要面向师生开展深入的需求调研,更重要的是要将需求转换体现在具体的空间设计中。人性舒适的非正式学习空间,能营造积极向上的学习氛围,有利于学习者保持持续的学习热情,降低学习的压力与倦怠感,促进获得更好的学业表现,提高受教育过程的满意度。学校提升非正式学习空间的人性舒适设计,需从空间物理环境和心理环境两方面协同推进。

第一,物理环境的人性化设计。一是非正式学习空间应本质安全。新建的空间只有通过工程质量合格验收后方可投入使用;改造空间形成的新荷载,应在原空间结构荷载允许的范围内。不论是新建还是改建,相关空间设计均应符合《建筑设计防火规范》(GB50016)、《中小学校设计规范》(GB50099)等的规定;所用建材应绿色环保,特别是装修施工完成后,宜委托专业检测机构进行室内空气质量检测,符合《民用建筑工程室内环境污染控制标准》(GB50325)相关要求;不存在栏杆高度、触电、坠落等其他潜在危险因素。二是空间设计体现相应学段的年龄特点。中小学生年龄相差较大,不同学段的学生在空间人体尺度、色彩美感、风格童趣性等方面呈现较大差异。不同非正式学习空间,应结合不同学生的年龄特征开展适宜性设计,如对低年龄段学生而言,不同空间形态和不同触感材质的有趣非正式学习空间,更容易保持新鲜感和好奇心。如厦门翔安区 D 小学的庭院非正式学习空间,结合小学生的特点,采用几何学造型和明快颜色,成为学生喜欢到访的户外空间,如图 4-7 所示。三是空间体现无障碍设计,充分考虑弱势群体的使用需求,并符合国家《建筑与市政工程无障碍通用规范》(GB55019)的相关规定。四是提供相对充裕的电源插座、售卖机、饮水点等,也是重要的人性化设计点。五是空间功能的可见性。非正式学习空间的功能设计容易被师生所识别、了解和正常使用,功能设计重视易用性,能促进非正式学习空间在日常状态中被师生所认可和使用。

图 4-7 厦门翔安区 D 小学户外学习空间

来源:课题组设计。

第二,心理环境的舒适设计。空间是被主观感知的环境,应考虑尺度感、舒适感、密度感、领域感与私密感等环境心理因素。一是空间的尺度适宜。开展非正式学习的空间不宜过大,确切地说中小规模的空间更具吸引力,后者能让师生有更多的亲切感和领域感。当空间面积过大时,有必要采取空间二次隔断的措施。空间中的桌椅、书架等设施设备的设计应结合所服务学段学生的身体特点,体现人体工程学的设计理念。二是空间格调宜舒适、富有美感。不仅要重视采光、照明、温度、湿度、通风、声学等环境因素的合理设计，如环境温度在 20℃～25℃ 之间人具有最佳的学习效率，也要重视空间造型、色彩、材质、软装等要素的美学设计，营造温馨且富有感染力的学习空间。空间具有像家一样温馨舒适的环境，有利于激活师生的好奇心与求知欲，提高活动的自主参与度与行为多样性，保持持续的学习热情。三是人员分布疏密得当。过于拥挤的学习空间，易使师生感到行为受限、失控或刺激超负荷，应合理平衡场所面积与容纳人数的比值。四是也要重视空间的心理安全性需求。合理平衡私密性与共享性，个人学习空间要更注重私密性，而社交交流学习空间则要相对开放。

第三节　非正式学习空间的设计原则

有鉴于非正式学习空间具有布局多样性、功能复合性、边界模糊性、使用主体开放性、使用时间灵活性和在校园中"泛在分布"等特点，有鉴于校园是由正式学习空间、非正式学习空间和混合学习空间等共同形成的"学习空间连续体"，有鉴于需要为师生在校丰富多彩、动态变化的活动提供全面支持，学校非正式学习空间的设计，应体现整体有序、功能适用、安全易达和共同建设等原则，多方协力推进高品质的学习空间建设。

一、通盘有机的整体有序原则

非正式学习空间的设计应体现整体有序原则。一方面，这体现了设计的"全局观"思想，反映了非正式学习空间是学校学习空间的重要组成部分，应基于学校的整体性视角,系统考虑每处具体非正式学习空间的合理设计。另一方面,体现了设计的"有机观"思想,反映了非正式学习空间与学校其他类型学习空间的有机组合关系、与师生教学活动的有机内在联系,应基于学校的教育教学需求,有主有次地整体统筹推进不同非正式学习空间的合理设计。非正式学习空间的整体有序原则,主要体现在以下两大方面。

第一,建筑学立场的空间整体有序布局。从校园空间整体甚至更大的校园周边空间的"大全局"出发,从建筑学视角一个完整校园的大视野下思考各组成空间单元的关系,推动非正式学习空间与正式学习空间及周边环境形成统一协调的关系,包括相邻空间和相隔一定距离空间的相互渗透与有序组合的空间关系,实现建筑风格、交通组织、形体形态、空间尺度、空间序列等维度的有机统一。在相关空间整体有机协调保持一致的基础上,可允许不少非正式学习空间保有一定独特的差异化设计,以响应不同非正式学习空间的不同功能导向。由此,促进形成良好的空间对话与相辅相成关系。在具体实践中,学校应有顶层规划思维,宜将非正式学习空间建设纳入学校建筑的大规划,开展非正式学习空间设计的"前策划"研究①,便于学校在全局观指导下开展主次分明、疏密有度的一体化设计,即在总体设计主线的引领下开展有组织的合理设计。

第二,教育学立场的学习空间连续体布局。从学校教育事业发展的"大格局"出发,统筹思考学校办学历史、发展愿景、办学特色、课程体系、教学方式、师生在校学习与生活品质等因素,统筹思考师生学教方式的封闭与开放属性,即结构化、半结构化和非结构化形式,合理谋划校园不同区域的不同非正式学习空间具有的重要价值与作用,促进校园空间构建形成体现整体性规划的"学习空间连续体",为师生不同类别的学习需要提供充分保障。在具体

---

① 有关非正式学习空间前策划的理论,参见本书第五章第一节。

实践中,学校应有协调有序思维,让非正式学习空间建设与学校教育事业发展规划形成有机衔接关系,促进正式学习空间和非正式学习空间的有机耦合,促进师生学教需求和非正式学习空间功能的有机耦合,确保形成类型丰富且完整有序的学习空间序列。

在整体有序原则指导下的学校非正式学习空间设计,应处理好宏观整体布局与微观分类功能的关系。一方面,在宏观层面应统筹好室内外不同空间的设计,顶层规划,有序布局。如厦门翔安区 D 小学新校区在学校"巢式共生,未来可栖"理念引领下,探索为师生提供立体化的户外非正式学习空间,分别形成了礼节花园、思想花园、探索花园、科艺花园、快乐花园、运动花园和屋顶花园等七大主题,如图 4-8 所示,有目的地提供项目式学习、探究式学习、个别化学习和无边界学习等多种户外非正式学习空间。

图 4-8 厦门翔安区 D 小学非正式学习空间整体规划

来源:课题组设计。

另一方面,在微观层面应统筹好具体空间非正式学习功能的有序设计,合理处理不同开放程度、不同动静态关系和不同使用功能的需求。如莆田荔城区 F 小学综合楼一层空间,围绕师生多元学习中心开展整体布局,设置有博雅中心、演艺中心、科学探究与自然博物馆、黑匣子剧场、音乐室、舞蹈室、办公室等空间布局,如图 4-9 所示,动静态适当隔离,多种开放、半开放、封闭的学习空间有序布局,形成了校园局部空间的"学习空间连续体"。

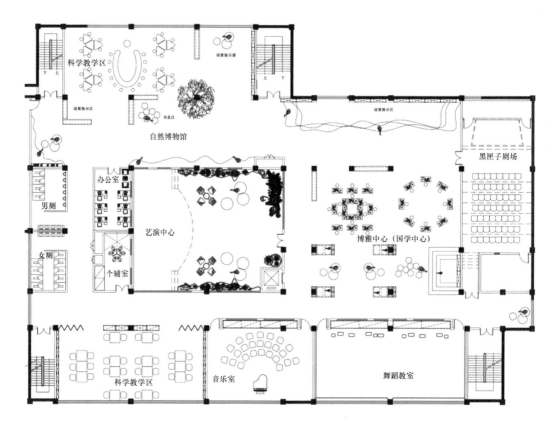

图 4-9　莆田荔城区 F 小学综合楼一层多元学习中心

来源:课题组设计。

二、实用至上的功能适用原则

非正式学习空间的设计应体现功能适用原则。建成的空间应满足师生一种或多种具体的非正式学习需求,空间的设计宜结合学校办学特色、具体场地条件等实际因素,体现布局合理、设施完善、场所温馨,具有较高使用率和满意度的导向。要体现"实用至上"的理念,避免功能不合适、尺度不适宜、设施不齐全等因素而造成的空间闲置或中看不中用的情况。非正式学习空

间实施"功能适用"的设计,应合理考虑两大方面的设计要点:

第一,功能的适宜选择。每个非正式学习空间要在"整体有序"原则下,合理确定具体空间的首要功能,体现设计的"必备型需求",满足师生在此处的主要非正式学习需要。在此基础上,鉴于非正式学习具有的开放性与灵活性特点,宜体现空间功能兼容或分时复合使用的"弹性"设计理念,或空间的"非功能性"设计理念[①]。运用取消物理隔离、空间有意留白、柔化空间界面、设施灵活可重组等设计手法,特别是消除师生环境心理学意义上的空间隔断和功能固化的意识,为非正式学习功能的灵活可变或功能复合预留可行的条件。如厦门翔安区 D 小学普通教室周边的开放空间,既有教师独立工作、合作备课的功能,也有学生个别交流、小组合作、头脑风暴、电子查阅、开放式阅读等功能,空间的非正式学习功能可依需求而弹性变化,如图 4-10 所示。需要指出的是,每个非正式学习空间具有适用的功能是设计的基本出发点,而空间能兼容复合多种非正式学习,是在具备可行条件情况下的多目的设计,并非必需。过于强调非正式学习空间的兼容复合设计,反而会削弱空间的首要非正式学习功能。

第二,资源与技术的适用性。学校的非正式学习往往具有情境性、灵活性、资源依赖性等特点,人员数量也常常动态变化。因此,空间的设计应依据"PST 设计"方法即"教育学—空间—技术"的设计逻辑展开,围绕具体的学习主题与学习方式,有针对性地营造资源与技术丰富的学习环境,便于任何可能的非正式学习发生。一方面面向师生的需求提供相应书刊、设备、桌椅等摸得着的物理性资源;另一方面也要结合具体非正式学习的真实需要,依托可连接互联网的信息化终端,给予必要的摸不着的虚拟学习资源,促进更多混合非正式学习的发生。如常州武进区 H 学校的开放式走廊实验室,允许学

---

① 张应鹏.空间的非功能性[J].建筑师,2013(5):77-84.

生随时刷校园卡拿取附近智能实验柜内的各类实验设备,并在开放实验桌上自主或按照多媒体信息终端的提示开展科创实验探究,为学生随时闪现的科创灵感提供了资源与技术丰富的泛在学习空间,如图 4-11 所示。

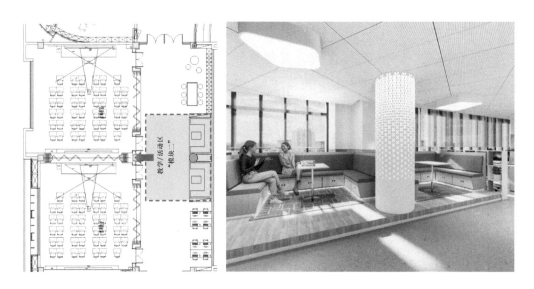

图 4-10 厦门翔安区 D 小学普通教室周边的非正式学习空间

来源:课题组设计。

图 4-11 常州武进区 H 学校资源与技术丰富的走廊实验区

来源:课题组设计。

当然,非正式学习空间的功能设计还要注意各种空间细节的精心宜人。其牵涉内容十分丰富,如防刺、防烫、防倒、防水等方面,旨在提高空间使用的满意度。如不少户外游戏场地,相关游戏器具的组件采用了不锈钢材质,那么在较为炎热的季节,则很容易产生烫伤隐患。

三、可用便捷的安全易达原则

非正式学习空间的设计应体现安全易达原则。可随时随地学习是学校学生非正式学习的重要特征,安全易达是前置条件。一方面,各类泛在学习空间应具有安全可用性,空间安全不仅与师生的生命健康、教育效果直接相关,而且间接影响到社会的秩序与安全。[①] 另一方面,师生应能便捷到达,可达性高的非正式学习空间,往往具有更高的使用率。空间不安全或到达不方便,将在根本上影响此类空间的价值。因此,非正式学习空间的安全性与易达性,两者缺一不可。

第一,实施空间的安全性设计。学校是人群密集的场所,使用群体主要是未成年人,安全性是校园空间必须坚守的底线,要尤为重视空间的安全性设计。一是要重视物理空间的本质安全,建筑的消防设计、结构设计、尺度设计应符合相应设计规范,并应避免空间尖角、触电、跌落等潜在隐患的存在。通常学校中的偏僻空间易成为校园欺凌事件的高发区域[②],因此非正式学习空间的选址不宜过于隐蔽或成为视觉盲区。二是要重视师生使用的环境心理安全,空间的造型、色彩、密度、尺度、封闭或开放等要素的设计,应确保使用者具有良好的心理领域感与归属感,需要充分留意学生的自我庇护心理。

① 邵兴江.学校建筑:教育意蕴与文化价值[M].北京:教育科学出版社,2012:146.
② 王东海.我国校园欺凌的情境预防[J].青少年犯罪问题,2018(2):12-21.

例如非正式学习空间易被别人窥视或关注,会大幅降低空间的吸引力。

第二,推进空间的易达性设计。便捷易达是发挥非正式学习空间功能价值的重要前提,需要在前期设计与后续管理上给予充分的便捷性考虑。越便捷的非正式学习空间,利用率相对越高。一是要重视功能适用的非正式学习空间的临近有序布局,在师生人流较为集中又不会受其他交通流线干扰的空间节点,采用增大空间尺度、强化空间节点等设计手法设置相关空间,便于师生到达。如厦门翔安区 D 小学教学楼,在每层公共走廊转角设置了多种功能的非正式学习空间,成为师生喜欢的去处,如图 4-12 所示。二是要通过空间通透性上的视觉可达、增加导视系统的引导可达等设计手法,引导学生进入非正式学习空间。只有方便易达的非正式学习空间,才能为学生创造更多交流与活动的机会,让随时随地的学习更自由地发生。

图 4-12 厦门翔安区 D 小学教学楼非正式学习区

来源:课题组设计。

四、师生参与的共同建设原则

非正式学习空间的建设需要师生共同参与。不少非正式学习空间建设项目，设计师往往并未充分了解使用者的需求，"建筑师必须观察人们在做什么，然而可悲的是所有建筑师大多只对建筑本身感兴趣，而不是对建筑的使用者感兴趣"[①]。设计师"我们更加知道"的态度，往往把师生排除在设计过程之外，造成师生的需求无法得到充分满足。相反，学习空间是"基于体验的建筑"，因此学习空间使用的设计更加需要关注学习者的需求。[②] 实际上，非正式学习空间的设计，不能忽视来自学生视角的重要意义。[③] 只有当学习空间的使用者了解并提供空间使用的教育原理时，空间才能充分体现需求的意图。[④] 来自学生的观点能为非正式学习空间建设提供丰富的启示。[⑤] 尽管学校管理者最有可能决定空间的设计，但是师生应该是非正式学习空间设计的关键驱动者，通过参与设计愿景研讨、空间初案、研讨优化、方案迭代等多个循环往复环节，他们能有效提高空间的设计质量。[⑥] 因此，相关设计应当充分认识到学习空间的复杂性，它是一项结合诸多人力、物力和财力，配合时间和空间而运作的复杂工程，非一人一事、一时一日等单独地完成，需要集合众人

---

① 劳森.空间的语言[M].杨青娟,等,译,北京:中国建筑工业出版社,2003:11.

② Furjan,H. Design & Research, Notes on a Manifesto[J].Journal of Architectural Education,2007,61(1):62-68.

③ Riddle,M. D. & Souter,K. T. Designing Informal Learning Spaces Using Student Perspectives[J].Journal of Learning Spaces,2012,1(2):278-282.

④ Darian-Smith,K. & Willis,J. Designing Schools: Space, Place and Pedagogy[M].London: Routledge,2016:192.

⑤ Riddle,M. D. & Souter,K. T. Designing Informal Learning Spaces Using Student Perspectives[J].Journal of Learning Spaces,2012,1(2):278-282.

⑥ Imms,W. & Kvan, T. Teacher Transition into Innovative Learning Environments[M]. Singapore: Springer,2020:40-41.

的智慧共同完成。^① 在空间建成交付后,向师生介绍与解读空间设计理念,还能进一步提高后续使用的满意度。^② 总之,只有师生参与空间建设,方能更好地建设空间,包括参与设计过程和建成后的持续完善两大方面。

第一,参与空间的设计过程。非正式学习空间的设计,需要邀请使用者以空间需求的提出者与评价者的身份,在空间设计之初便参与设计。^③ 特别是非正式学习空间的设计是一个动态"过程",而非静态"结果",让所有人特别是师生参与其中是关键。^④ 应当调动师生的积极性,并全过程参与设计。一方面,要参与设计前期的需求分析与设计方向确认,其中"空间愿景法""图文补全法"是引导学生空间概念生成并获得可视化输出的一种有效方法。另一方面,也要不定期地参与设计过程的讨论并给出积极反馈,特别是参加过程性设计方案的评议会,以确保空间的设计符合师生不同类型非正式学习的需要。

第二,参与空间建成后的持续完善。一是建成的非正式学习空间,宜开展空间的现场示范并移交给师生。相关研究发现,通过邀请师生参与建成空间的移交,并开展设计方与使用方的沟通而推动空间的再认知与需求激活,能促进空间价值与使用需求的良好匹配。^⑤ 二是非正式学习空间建成后,并非一成不变,可基于前期设计不足或使用需求变化等因素,进行持续的改进完善。宜开展空间的周期性使用后评价^⑥,推动建成空间的再优化,以更好地发挥综合效益。三是师生使用空间过程中持续调整、配置或装扮空间的过程,本身也是对建成空间的持续完善。

———————————

① 邵兴江.学校建筑:教育意蕴与文化价值[M].北京:教育科学出版社,2012:147.
② Imms,W. & Kvan,T. Teacher Transition into Innovative Learning Environments[M]. Singapore: Springer,2020:43.
③ 苏笑悦,汤朝晖.适应教育变革的中小学校教学空间设计研究[M].北京:中国建筑工业出版社,2021:150.
④ 李苏萍.非正式学习图景的规划策略[J].住区,2015(2):6-7.
⑤ 李苏萍.非正式学习图景的规划策略[J].住区,2015(2):6-7.
⑥ 非正式学习空间的使用后评价参见本书第五章第三节.

第 五 章

非正式学习空间的
设计方法

　　设计方法是非正式学习空间从"虚"向"实"的物化过程，即从理念、依据、定位、空间构思、功能实现、深化完善到建成使用的设计进程中所采用的各类设计思维、手法、模型与做法。它是落实空间建设的关键要素，也是影响空间品质的主要因素。

　　非正式学习空间的设计，是建筑、装饰、景观、结构、水电、暖通等多专业，与教学论、课程论、认知心理学、环境心理学、学校文化学、教育技术学等多学科之间的交叉设计，具有综合性、交叉性、动态性、教育性和文化性等特征，对它的设计需要有教育思维、文化思维、复杂思维、统筹思维和持续完善思维。既要重视空间设计的前策划，从现实条件、教育需求、空间文脉、建设目标、使用人群、技术配置等多维度，开展相应具体空间的概念原型建构，从而促进空间设计共识的形成；也要重视空间科学合理的具体设计，结合多维度功能需求，深入开展基于循证理念、真实性需求和师生参与的设计，实施基于仿真效果图的空间设计评估，从而促进设计从抽象理念到具体图纸的转化；还要重视空间的用后评估与改进，开展空间的成效检验与迭代优化，一方面持续提升建成空间的品质，另一方面也为未来同类空间建设形成迭代优化的循环反馈机制。概言之，需着力推动设计从传统经验感性模式向多学科视角的现代专业理性模式转变。

因此,学校非正式学习空间的设计要提高认知站位,创新设计思维,引入空间全生命周期、学习空间连续体和设计的全面质量管理等理念,综合协调人、教育、文化、技术、经济、时间、美学、安全等因素,结合建设流程引入前、中、后的时间周期观,形成前策划(programming)、中设计(design)、持续改进(check)和投入使用(act)四阶段的设计理念与实施路径,通过全过程多阶段的质量功能展开[①],形成非正式学习空间设计的互动指导、反馈与修正的PDCA闭环,不断提高空间的建设品质,在此合称为非正式学习空间设计的PDCA模式,见图5-1。

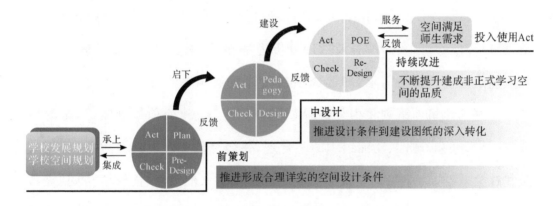

图 5-1　非正式学习空间设计的 PDCA 模式

第一节　前策划:推进形成合理详实的空间设计任务

学校空间设计引入前策划日益受到认可。一方面,学校对前策划有真实需求。学校空间是日趋复杂的公共建筑,是学校学生第一重要的公共建筑,往往涉及众多决策主体和利益相关者,特别是学生、教师、家长、社区和地方

---

① 翟丽.质量功能展开技术及其应用综述[J].管理工程学报,2000,14(1):52-60.

政府等。引入前策划进行空间需求的科学分析与设计任务整理，有利于学校充分甄别各类需求，合理取舍需求，对于促进形成相关设计条件和后续具体设计的建筑语言转化具有积极意义。另一方面，我国政府相关政策倡导开展空间设计的前策划。2019年9月，国务院办公厅发布了《关于完善质量保障体系提升建筑工程品质指导意见的通知》（国办函〔2019〕92号），提出要"发展全过程工程咨询"，重视前期策划。深圳、济南、杭州、南京等多个城市也已出台相关地方配套政策，使得学校空间建设项目引入前策划有了政策依据。

非正式学习空间设计引入前策划具有重要意义。空间前策划（architectural programming）是以"合理性"为判断基准，不仅依赖经验和规范，更以环境心理、实态调查及数理分析为基础，运用多学科交叉方法科学理性地确定建设目标与需求，并形成项目设计策划成果的方法和程序。[①] 一个构思良好的建筑前策划将引导高品质的空间设计。[②] 而前策划缺乏，则易导致空间设计的非理性、功能组织的不合理，并会降低建筑的经济效益、环境效益和社会效益。[③] 学校非正式学习空间的建设引入前策划，能够为空间"立骨骼"而明方向。通过前策划环节多方协力共同科学谋定的策划文档即设计任务书，对于破解"懂教育的不懂建筑，懂建筑的不懂教育"的专业鸿沟，促进空间建设问题的提前暴露、充分研究并更好解决，促进学习空间背后的多学科知识的交叉融合，系统推动空间设计与功能组织的合理化，避免因前期缺少科学决策而造成不必要的人力、物力浪费，促进不同利益群体达成设计共识等方面，都具有十分重要的价值。

学校非正式学习空间建设的前策划，向上能有机衔接宏观社会、经济与

---

① 涂慧君.建筑策划学[M].北京：中国建筑工业出版社，2017：3.

② The American Institute of Architects. The Architect's Handbook of Professional Practice[M]. Hoboken：Wiley，2008：507.

③ 庄惟敏.建筑策划与设计[M].北京：中国建筑工业出版社，2016：1.

教育大环境,向下可紧密衔接具体空间的非正式学习活动,从而实现空间设计"瞻前顾后"的双向渗透,在宏观要求与微观空间、抽象理念与具象设计之间起到很好的承上启下作用。前策划具体包括四个子阶段,即规划分析(plan)、概念构想(pre-design)、预评估(check)和形成策划文档(act),子阶段之间相互影响、反馈与修正,共同构成前策划的 PDCA 模式(见图 5-2)。

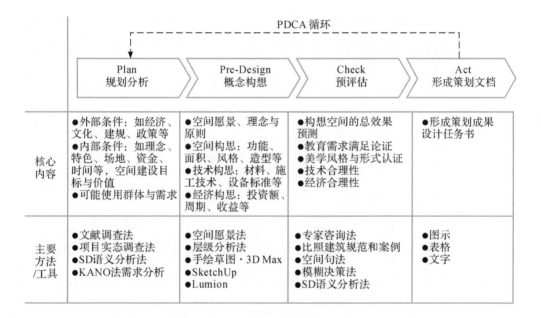

	Plan 规划分析	Pre-Design 概念构想	Check 预评估	Act 形成策划文档
核心内容	●外部条件:如经济、文化、建规、政策等 ●内部条件:如理念、特色、场地、资金、时间等,空间建设目标与价值 ●可能使用群体与需求	●空间愿景、理念与原则 ●空间构想:功能、面积、风格、造型等 ●技术构想:材料、施工技术、设备标准等 ●经济构想:投资额、周期、收益等	●构想空间的总效果预测 ●教育需求满足论证 ●美学风格与形式认证 ●技术合理性 ●经济合理性	●形成策划成果设计任务书
主要方法/工具	●文献调查法 ●项目实态调查法 ●SD语义分析法 ●KANO法需求分析	●空间愿景法 ●层级分析法 ●手绘草图·3D Max ●SketchUp ●Lumion	●专家咨询法 ●比照建筑规范和案例 ●空间句法 ●模糊决策法 ●SD语义分析法	●图示 ●表格 ●文字

图 5-2　前策划的 PDCA 模式

一、空间现况的规划分析

非正式学习空间建设因校因地而异,需对具体空间的内外部条件展开通盘分析,以明确空间建设的策划目标和限定条件。

(一)规划分析的内容

一方面,要研究社会经济、文化习俗、教育政策和建筑规范等外部要素;

另一方面,要客观分析建设学校的内部条件,包括办学层次、育人理念、办学特色、场地现状、投资额度与建设周期等因素。由此,通过外部宏观条件特别是高相关性的教育政策的研判,确定开展相关空间建设的必要性;通过拟建位置的场地现状分析、资金投入和建设周期等评估,判定建设的可行性;通过领会项目学校的办学理念、特色导向、育人要求等教育要素,明确建设的重点与方向,提升空间建设的匹配度。学习空间是"基于体验的建筑",因此学习空间的设计更加需要关注学习者的需求。[①]

在具体分析中要着重围绕两个议题:一是拟建的非正式学习空间,其建设目标与价值究竟是什么,为何以此为目标? 二是谁会使用这些空间,又有哪些具体需求?

(二)规划分析的方法

对非正式学习空间开展规划分析的方法主要有四种,既有量的方法,也有质的方法。当然结合具体项目的规划分析需要,也可采用其他合适的方法。

第一,文献调查法,主要调查两类重点文献。一类是政府教育事业发展规划、学校发展规划等文本,旨在了解基本建设背景与发展要求,此类文件通过公开信息源检索和学校专门提供的方式获得;另一类是如《中小学校设计规范》(GB 50099—2011)、《建筑设计防火规范》(GB 50016—2014)等建设规范,再如《海南省中小学阅读空间建设与管理指南》等政策文件,旨在守住非正式学习空间建设的规范底线,并符合建设的新方向,如海南省文件明确对中小学阅读类非正式学习空间的建设提出了专门要求。建设规范类文件一般通过公开信息源检索可便捷获得,而区域性的专门政策文件则需要通过专

---

① Furjan,H. Design & Research,Notes on a Manifesto[J]. Journal of Architectural Education,2007,61(1):62-68.

门询问、定向检索与专题研究等形式获得有价值的信息。

第二,实态调查法,对空间多维度的事实形态展开深入的调查。不仅对区域经济水平、文化文脉、区域建造技术环境等开展客观调查,也要调查拟建空间所处的位置、日照、朝向、景观等环境因素,可通过管理者访谈、焦点小组访谈[①]、观察、问卷等多种具体的质性或量化方法,获得一手资料并明确相关限定条件与可行方向。在实际前策划调研中,要组织开展面向管理层的座谈,旨在更好地了解具体空间在学校整体建设中的作用地位、建设意图和目标要求;条件允许的话有必要开展该空间可能使用主体的焦点小组访谈,旨在深入了解具体空间的个性化使用需求,或相关特殊目的与功能;需要进行建设场地的现场考察,综合研判各类设计的有利因素与不利因素,特别是要重点识别设计的不利因素,必要时还需要进行空间相关尺寸、间距、荷载等设计要素的测绘,并作为开展相关设计的前置条件;也可通过问卷法、测量法、文献法等途径,获得空间真实状态与设计需求方面的其他有价值信息。若是新建学校项目,则需要特别对项目的既有规划图纸进行深入研究。

第三,SD语义分析法(semantic differential),也称感受记录法。在建筑学中,通过研究被试在空间中的心理和生理感受,依托"言语"拟定"建筑语义"上的尺度,开展被试心理感受的测定。研究的基本流程是遴选研究对象、拟定评价维度和具体评价因子、拟定感受描述的形容词对、形成问卷量表并收集数据,并对这些言语描述的尺度进行定量数值化,借助相关系数、因子分析及因子轴输出等分析,从而定量化描述目标空间的概念和构造。[②] 学校非

---

① 焦点访谈法一般采用小型座谈会的形式,邀请可能使用该空间的师生代表,围绕空间功能需求与建设方向展开探讨,通过开放、自然的形式进行深度的对话交流,在访谈中要善于运用"追问""拓展"等访谈技巧,从而使调查组能获得前期知之不多,但却十分有价值的设计信息。类似研究实践可参见 Cox, A. M. Space and Embodiment in Informal Learning[J]. Higher Education, 2018, 75:1077-1090。

② 关于 SD 语义分析法更为详细的阐述可参见庄惟敏,张维,梁思思.建筑策划与后评估[M].北京:中国建筑工业出版社,2018:122-133.

正式学习空间设计采用 SD 语义分析法,旨在获得具体空间设计元素的感受度信息,应结合空间建设重点确定相关评价维度和评价因子(见表 5-1)。不同学校可根据自身对非正式学习空间不同的建设重点,对部分评价维度和评价因子作适当调整。

表 5-1　非正式学习空间 SD 语义法评价量表

评价维度	评价因子	形容词对	尺度(＋)——尺度(－)
教育功能性	功能满足需要	充分满足—难以满足	5　4　3　2　1
	功能多样性	功能多样—功能单一	5　4　3　2　1
	资源配置水平	资源丰富—资源缺乏	5　4　3　2　1
	空间可达性	便捷—不便	5　4　3　2　1
	空间围合性	开放—封闭	5　4　3　2　1
环境因素	光线明亮性	明亮—昏暗	5　4　3　2　1
	温度舒适性	舒适—不舒适	5　4　3　2　1
	声音舒适性	安静—喧嚣	5　4　3　2　1
	空间安全性	安全—危险	5　4　3　2　1
	人体工程学	舒适—不舒适	5　4　3　2　1
空间美学性	空间美感度	美观—丑陋	5　4　3　2　1
	场所温馨性	温暖—冰冷	5　4　3　2　1
	场所趣味性	有趣—无趣	5　4　3　2　1
	空间韵律性	韵律强—韵律弱	5　4　3　2　1
空间文化性	空间的特色性	特色强—特色弱	5　4　3　2　1
	本校文化体现度	体现度高—体现度低	5　4　3　2　1
	地域文化体现度	体现度高—体现度低	5　4　3　2　1

　　第四,需求分析的 KANO 模型法[①],对座谈、考察和问卷等途径获得的一手资料开展空间建设需求的分层次分析。依据 KANO 模型,最需关注的需求层次指标可分为必备因素、期望因素和魅力因素,以及对质量不相关的无差异因素与对质量负向的反向因素。对应必备因素、期望因素和魅力因素,学校非正式学习空间的需求可分为必备型需求、期望型需求和魅力型需求。非正式学习空间若必备因素达不到师生需求,不管期望因素或魅力因素如何优质,都难以让师生满意;若必备因素达到师生需求,那么在同等需求实现率上,魅力因素对满意度的贡献率远高于必备因素和期望因素(见图 5-3)。具体而言,必备型需求是空间"必须有"的基本功能,如果这个需求没有得到

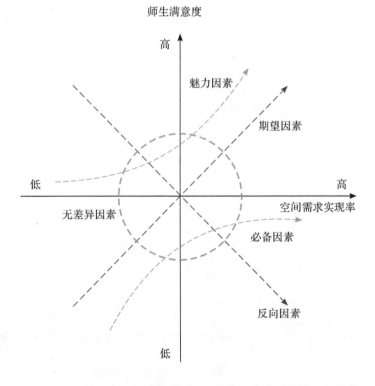

图5-3　基于 KANO 模型的非正式学习空间需求层次分类

---

　　① 日本学者狩野纪昭(Noriaki Kano)受美国行为科学家赫茨伯格(Herzberg Fredrick)"双因素理论"的影响与启示,即影响工作动机的因素主要有激励因素和保健因素,狩野纪昭在 1984 年提出了质量管理的"KANO 模型",成为近几十年来不同领域质量管理与需求分析的重要思维方法。

满足或表现不佳那么将很难让师生对空间具有高满意度。期望型需求尽管不是空间必须有的功能,或许这些期望型需求连师生都不清楚,但是一旦有此功能并被师生了解,则是师生非常希望解决的需求"痒处"。期望型需求与满意度呈线性关系,期望型需求提供越多,师生满意度线性增加。魅力型需求是空间具有的"出乎意料"功能,往往给师生极大的惊喜,常让人"连连叫好",并会大幅提高空间的师生满意度。在实际推进中,应引导建设工作优先确保非正式学习空间的基本型需求,并积极创造条件尽可能提供满足更高层次需求的空间设计。

二、未来空间的概念构想

非正式学习空间的概念构想,是对学校空间建设目标和师生需求用建筑语言进行描述,继而指引空间的相关概念设想逐一落入具体物质性载体之中,并在认知深度上实现从"直观设想"到"理性推导"的升级。

(一)概念构想的内容

概念构想主要包括一条主线和三类构思,重点对空间的功能、规模、技术、经济指标等开展系统描绘。

第一,确立设计主线。基于前文空间现况的规划分析,在深入思考、多方酝酿和精心构思的基础上,对空间建设方向提出合理的愿景语句或关键词,以确立该空间的建设级别与特色基调,并用更具体的设计理念和建设原则加以丰富与描绘,从而为空间设计注入灵魂,例如温州 W 中专的图书馆空间设计,结合学校办学文脉、特色、育人目标和功能需求,特别是源自学校"创生"

办学哲学，提出了"YUE®一生图书馆"设计主线①，希冀师生能养成良好的阅读素养，并通过终身的学习持续引领自身的可持续发展。

第二，开展空间构思。基于学校现实条件和未来高品质办学需要，以师生需求为本，对不同非正式学习空间的功能进行策划定位，起草功能清单与相应面积指标，并对功能布局、设计风格、造型表现、交通组织等进行构想。相关空间构想既要结合现实条件，同时须体现一定的前瞻性与引领性，在反复比较与分析中提出兼顾先进性、合理性与现实性的具体构思方案。

第三，开展技术构思。结合多方商讨形成的初步空间构想，有针对性地对建造用材、空间构造技术、施工技术、设备标准等开展进一步的构思策划。尤其是要考虑现代教育技术如 VR 学习等对非正式学习的重大影响，为后续建设推进提供技术支撑。同时，从相关建材的可获得性、所采用构建技术与施工技术在本地的可落地实施性、设备标准的先进性等方面，开展系统且谨慎的构思，对不具有可行性的技术构思应当予以否决，向空间构思反馈，并重新寻找具有现实可行性的技术构思。

第四，开展经济构思。结合空间构思、技术构思、学校属地工程建设定额和工程造价信息等因素，分析投资估算、建设周期、全寿命成本、社会效益、生态效益等指标。不仅投资估算应该在项目立项批文允许的投资造价之内，而且未来建成投入使用的空间应有良好的空间综合效益。

---

① 　YUE®一生图书馆，体现多重含义。中文内涵既是关注人生幸福的"悦读"，也是关注终身学习的"阅读"，更是代表以学习超越自我的"跨越"。英文内涵 YUE，三个字母分别代表 young、up、empower，响应该学校"创生"办学哲学，含义为年轻、向上、赋能。在该设计主线统领下，图书馆功能体现综合性，具有藏、借、阅、研、休等多元复合功能，重视创新技术的引入，为师生提供书、刊、报、数字化文献信息和知识共享等服务的空间。空间设计基调整体定位年轻与悦享，积极传播阅读一生的文化观念。在图书馆服务年龄段上，响应阅读的全生命时段，包括积极与学前教育学专业的课程、教工子女教育等有机结合。该空间由课题组策划。

（二）概念构想的方法

未来空间概念构想的方法比较多,空间愿景法和层级分析法是比较常用的方法。空间愿景法,主要通过邀请利益相关者群体参与召开专题研讨会,通过建设目标阐述与头脑风暴等环节,逐步形成未来非正式学习空间的建设愿景与具体设计要求。层级分析法,则是通过定性与定量相结合的方法,对要决策的事项进行分层分类研讨,其中最上层为总目标层,中间为准则层,最底层为方案层或措施层,通过确定因子权重比值而开展决策,由此确定空间建设优先事项的方法。① 对于大型复杂的非正式学习空间的概念设想,运用层级分析法有利于为相关决策提供数学量化的决策推理,有利于决策过程的清晰化与系统化。

空间概念构想的具体技术方法,包括手绘草图、SketchUp、3D Max、Lumion 等。手绘草图常以简洁的图形手法,概括性表达具体空间的设计构思,是能较快速抓住空间概念设计最基本特征的方法,也是捕捉设计灵感的利器,在策划阶段往往发挥十分重要的作用。3D Max、SketchUp、Lumion等设计软件,进行概念设计的功能强大,尤其是 SketchUp 在建筑与室内设计领域,以及 Lumion 在景观设计领域,已经成为可快速建模和可视化分析的重要工具。SketchUp 软件由于界面简单、功能强大、易学易用且对计算机性能要求相对较低等特点,最受欢迎。

---

① 关于层级分析法更为详细的阐述可参见庄惟敏.建筑策划与设计[M].北京:中国建筑工业出版社,2016;79-83。

三、空间构想的预评估

基于前策划的规划分析和概念构想两个子阶段,已形成以图文形式勾勒,具有一定理性化和可视化的未来非正式学习空间的新画面,亦即为师生、设施设备、使用方式等与学习空间之间的关系,建立了新的预设性的人境关系与使用模式。基于该构想成果,可以开展合理性的预评估。

(一)预评估的内容

预评估具有积极意义。《礼记》言"凡事预则立,不预则废"。就构想空间对师生学习活动的可容纳性、师生使用的生理与心理感受度等,开展以未来空间效果预测为评估点的预评估,有利于提前预判并更好控制空间的建设质量。事实上,对构想空间进行预测是对构想可行性和质量达标性的最好检验,有利于空间设计趋利避害,并尽可能减少浪费,也是决定构想空间最终是否被采纳或需修改完善的重要环节。

空间构想的预评估核心是抓住"合理性",并开展多方面的评价。一是构想空间的总体效果评价,特别是邀请师生、专家对构想成果进行综合评议。构想空间的总体印象是评估的重点,涉及空间构思的大方向、总风格、功能布局与特色基调,需要多方协力进行综合把关。对于特别重大的项目,有必要邀请上级主管部门,包括发改、自然资源和规划、住房和城乡建设、财政和教育等多部门联合开展预评估,以免重大构思考虑不周。二是教育需求满足论证,重点是基础必备型需求务必给予充分体现,在此基础上积极考虑期望型需求与魅力型需求。三是美学论证,尤其是空间风格、形态造型、主材选择、主色选择等方向的综合把关。四是技术合理性,基于提供的技术构思方案,对技术的成熟度与本地是否有能力施工进行预研判。五是经济合理性,特别是论证建设造价是否在学校可承担范围之内,建筑全生命周期的运营成本是否绿色可持续等,对其作出合理的预判与评价。

(二)预评估的方法

预评估的方法比较多样,常用的方法是专家咨询法和比照法。专家咨询法依托教育、建筑、装备、景观、财政等多学科专家的力量开展合理性预评估,通常以专题会议、通信评审等形式展开。比照法则是基于成文的建筑规范、成熟的类似空间案例开展对照分析与比较,从而从成熟建规和案例对比参照中来把关空间构想的优点与不足。

更为严谨的预评估方法包括空间句法、模糊决策法和 SD 语义分析法等。空间句法通过对建筑的人居空间构形,如轴线、凸空间、视域、边面隔断、可见性分析等进行量化描述,运用尺度分割、再现和连接等手法,以此深入分析不同空间背后人的活动、空间文化性、空间自组织与复杂性等关系。[①] 另一种方法则是模糊决策法,它是对空间相关参数如色彩的冷热、尺度的大小等,开展基于模糊集合的好坏判断与选择。空间规划层级高、投资量或面积比较大的项目,采用更严谨的预评估方法的趋势近年来更加明显。

四、形成策划文档

前策划形成的成果,需以图文并茂的形式,进行结论归纳并组织成文。空间策划的本质是落实需求问题,关注的是怎样把自然语言的需求转化成建

---

① 有关空间句法的更多研究可参见希列尔,盛强.空间句法的发展现状与未来[J].建筑报,2014(8):60-65;或参见张愚,王建国.再论"空间句法"[J].建筑师,2004(3):33-44。

筑专业化语言的设计任务①,形成策划成果文档即设计任务书是有效的形式,也是下阶段中设计的前置条件。

非正式学习空间的设计任务书应包括但不限于如下内容:区域和学校的基本概况、设计依据、建设目标、规划愿景、设计理念与原则、空间构思、技术构思和经济构思,以及空间功能表、面积分配表、不同空间非正式学习模式说明、造价估算表、主材建议表等。除了文字说明,引入体现需求与功能的关系图或参考案例等图示,表明规模、性质、面积等的量化数据表格,有利于更清晰地表达策划要求。

案例 5-1:温州 W 中专—职 M⁺ 空间的前策划方案②

为进一步优化全市中职学校布局,提升 W 中专的办学品质,温州市政府决定对 W 中专实施校园迁建。W 中专创建于 1985 年,是区域职业教育龙头学校。规划新建校园位于温州市滨海新区,项目占地 351 亩,地上建筑面积 17.5 万平方米,建设投资 12 亿元。

学校在工程立项之初,便明确认识到这是 W 中专办学历史上创新发展的重大战略机遇。要重视学校空间的设计品质与工程建设质量,为学校面向未来的一流办学奠定坚实的物质条件基础。因此,新学校的规划与设计应有超前眼光,不仅要重视普通教室、实训教室等正式学习空间,也要重视体现 W 中专办学特色的非正式学习空间。由此,组建成立了一个由市教育基建中心、W 中专和外部顾问专家组成的工作委员会,积极推进新校园富有教育思想的学习空间设计。

---

① 苗志坚,庄惟敏,陈剑.需求导向的"前策划—后评估"全过程运作管理逻辑及应用[J].建筑学报,2020(S1):175-178.

② 该项目由本课题组全过程主持策划设计,相关内容源自原设计任务书的核心部分。

一、空间规划的前期分析

W中专在中等职业教育领域办学业绩突出。先后获得首批国家重点学校、首批国家中职改革与发展示范学校、全国最具成长力学校、全国十佳先进育人单位、全国百强特色学校等综合荣誉。学校拥有省级以上实训基地5个，3个省示范专业，2个省骨干专业，1个省新兴专业，1个省优势特色专业，一大批名优教师和大师在校工作。

学校重视先进教育理念引领学校发展。经长期办学积淀，形成了以"创·生"为核心的办学理念体系，践行"笃行合义，创志维新"的校训，努力将每一位学子培养成具有"富有创意、善于创新、能够创业、勇于创造，学会生存、懂得生活、厚植生命、永续生态"等核心素养的新时代职业人。

学校办学一直注重每个学生核心素养的全面发展，而不局限于所在专业。在"十二五"时期探索开设了生命教育课程群、职业体验课程群和创新创业课程群等个性化校本课程体系（见图5-4）。努力让每一个学生都能受到适当的教育，尽力激发学生适应社会和专业所需的潜质，深入体现了W中专办学的全员性、全纳性与差异性理念。

学校形成了独特的办学特色。经贸学部结合互联网创业大潮，于2014年创立了一个特色教育品牌项目即"一职猫"学生创业平台，并一路从初期的网络商城运作，到探索电商专业人才培养，再到校园商业生态圈打造，已成为W中专学生创业的"天猫"和全省知名产学研品牌。入选首批浙江省中职创新创业实验室，浙江职业教育改革典型案例和浙江中职教育教学优秀成果等。

基于学校的发展历史、办学理念、特色课程和成果基石，结合未来卓越中职教育和专业学科特点，特别是基于"创·生"理念、创生素养课程体系和"一职猫"特色教育品牌等的全面落地需要,融合"先有教育,后有课程,再有建筑"的设计理念,经学校多次专题会议的充分酝酿和讨论,W中专新校园的空间规划创新提出为全校学生独立建设一幢素养中心的设想。该楼将推进建设具有国内一流水准的新型非正式学习空间,融合个别化学习、小组学习、研讨学习、路演学习、体验式学习等新理念,打造全国领先的"职教空间新场景"。

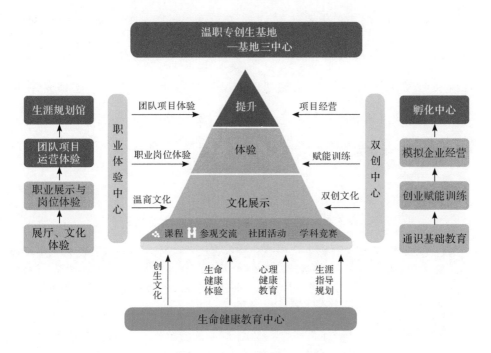

图 5-4 创生素养课程架构

二、一职 M＋的空间构想

基于学校的办学基础和未来发展,经充分讨论,该素养中心设计主线明确定位为"一职 M⁺",并引入教育新场景的设计理念。它是传承 W 中专办学优势的创新发展,是源自"创·生"和"一职猫"的创新升级。第一,中心为不同专业学生提供跨专业的素养课程,重视学生领导力、情绪管理、社交能力、生命安全等软技能的发展,是全校可共享的"一职课程超市"即"一职 Mall"。第二,体现可持续"创·生"的理念,提供多种创新创业类课程,是学校服务学生可持续发展的"一职 More"。上述两者合称为"一职 M^+"。学校希望一职 M^+ 是体现 W 中专独一无二办学特色的重要空间载体,是全国职业教育示范性学校的"重要窗口",并希望把它打造成具有全球影响力的一流素养教育空间,成为学校百年学府的传世之作。

结合一职 M^+ 设计主线和空间重要性,大楼计划选址位于学校场地的中轴线上,临近学校主入口广场,与周边教学楼、行政楼联系紧密,交通宜便捷易达。建筑规划三层,面积 3600 平方米。每层分别规划一个功能组团,由多个功能用房组成(见表5-2)。设置中庭一个,上下跃层,成为重要的路演学习空间。建筑风格宜具有科技感和现代感。

表5-2　W 中专一职 M^+ 空间的功能规划

功能模块	竞赛与创新创造空间	创业与职业发展空间	心理与生命安全空间
核心素养	认知与思考	人际交往	自我管理能力
具体空间	供应链实训空间 直播空间 创客汇空间 路演学习空间 戏曲教育馆 一职 M^+ 文化	创业咖啡吧 VR 职业体验馆 职业展示与体验区 3D 创客中心 一职猫创业空间 社团联盟展示基地	心理咨询室 情绪管理教室 职业生涯规划教室 三防安全体验馆 养护救护生命体验馆 生产生活安全体验馆

空间宜采用成熟的建筑技术。建筑形态总体宜规整,并具有较高形象识别性与特色性,应避免异形建筑带来的高造价并增加施工难度。大楼采用绿色建筑三星标准。大楼中直播空间、VR 职业体验馆、3D 创客中心、多个安全体验馆等计划大量采用互联网、录播、VR 等智慧校园技术。

空间造价应合理可行。鉴于全校综合造价为 6000 元/ m^2 ,因此该空间的造价宜适当控制。可适当提高建设标准，但应在全校总投资造价允许的范围内。鼓励建筑采用绿色建筑理念，可结合太阳能、中水利用等技术。

第二节　中设计：推进设计任务到建设图纸的深入转化

中设计（core design）是非正式学习空间建设流程中位居核心的主设计阶段。一方面，衔接并转化前策划阶段的成果；另一方面，详实对接不同层次的专项性要求与细节性要求。中设计综合考虑多方面的空间构想和现实制约，运用空间设计原理和艺术化创作，用多种建筑语言对具体非正式学习空间展开设计，并通过效果图、CAD 图等进行有体系、规范化的表达，最终形成功能合理并满足师生物质性、教育性和文化性等需要的设计成果。它是非正式学习空间建设流程中设计工作量最大、综合信息最复杂、各专业工种最多的设计阶段。如果说前策划是解决非正式学习空间的"骨骼"问题，那么中设计则是创作空间的"肌肉"，通过多种具象化途径让空间生动丰满起来。

中设计工作源于教育需求而服务于师生发展，核心是在教育学与空间具象之间建立功能机制，具体包括四个子阶段，即教育学需求（pedagogy）、具象设计（design）、评估设计成果（check）和形成施工图纸（act），各子阶段相互影响、反馈与修正，合称为中设计的 PDCA 模式（见图 5-5）。

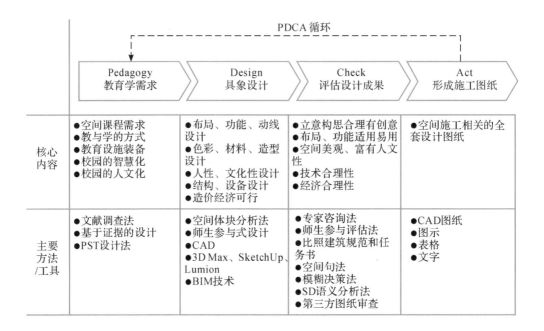

图 5-5　中设计的 PDCA 模式

一、空间深度融合教育学需求

学校非正式学习空间的首要目的是为师生的教与学活动服务,需要深度融合不同维度的教育学需求,贯彻体现以师生为本的设计理念。

(一)融合的教育学内容

不同的非正式学习空间融合不同的教育学需求。一方面,空间应因师生的不同学习而异。不论是教师不同类型的教学思维抑或学生不同类型的深度学习,对非正式学习空间的需求存在显著差异。[①] 事实上,为 21 世纪的学习者提

---

① Imms,W. & Kvan,T. Teacher Transition into Innovative Learning Environments[M]. Singapore: Springer,2020:15-17.

供有效的学习环境,需要将教学法、空间和技术紧密联系起来[①],而不是仅仅提供一个具备遮风挡雨功能的物理空间。另一方面,空间会在潜移默化中影响师生。融合教学法的学习空间,会对师生行为产生积极影响,改善学生的学习并提高满意度。[②] 显然,学习空间与教学活动之间产生了非常紧密的互动关联。

因此,非正式学习空间的设计应从多方面融合教育学需求。一是需要深入考量每个具体空间所实施的相应课程或学习主题,是必修课程还是选修课程,是否有相关课程资源与教学装备需要一并纳入空间的设计。是否存在同一个空间需要实施多种课程或学习主题,怎样才能更好满足师生的多目的使用需要。二是需要深入考虑具体的教与学方式,非正式学习的形式比较多样,需要根据空间实际实施的教与学方式,有针对性地配置相关教育设施。鉴于非正式学习空间的学习场景常常灵活变化,因此学习课桌椅的灵活可组合性应作重点考虑。三是需要充分考虑教育信息技术,非正式学习的学习主题、方式和成果呈现具有不确定性和动态性,经常需要利用信息技术检索信息、加工知识和呈现学习结果,接通互联网、配置计算机和设置多个显示屏,应成为很多非正式学习空间的必备条件,提供数智化的非正式学习环境。此外,也要融合学校的办学特色与人文底蕴,结合场地实际条件,适度融入校园文化,从而提升空间的人文性。

(二)融合的主要方法

学习空间与教育学需求相融合,是将具象的物理空间与抽象的教育观念之间实现有机衔接与功能聚合。教育学融入空间的方法主要有三种,具体如下。

---

① Sala-Oviedo,A., Fisher,K. & Marshall,E. The Importance of Linking Pedagogy, Space and Technology to Achieve an Effective Learning Environment for the 21st Century Learner [C]. Barcelona: International Conference on Education and New Learning Technologies,2010:965-975.

② Walker,J.D.,Brooks,D.C. & Baepler,P. Pedagogy and Space: Empirical Research on New Learning Environments[J].Educause Quarterly,2011,34(4):1-10.

第一,文献调查法。除了前策划阶段所阐述的相关文献外①,需要进一步研究国家相应学段的课程方案和课程标准,如《义务教育课程方案和课程标准(2022年版)》。以美术学科为例,在公共空间设置的艺术画廊类非正式学习空间,作品展示的题材、内容和布展形式,应与美术学科具体学段课标要求相呼应,从而促进课堂内教学与课堂外学习的有机互动。也要查阅本校的课程体系方案和社团活动方案等文献,结合不同学校办学实际,有针对性地开展空间与教育学的融合。

第二,实施基于证据的设计方法,结合具体空间开展基于证据特别是教育学证据的设计。学习空间的物理环境设计日益重视基于证据的设计。② 一是空间设计要结合教育学证据,例如非正式学习空间的真实性问题情境设计,设计应紧扣真实性问题情境的本质特征即"真实性",但真实性不等于真实,因此相关设计不一定要完全是"真实"的空间,空间设计的表现性特征宜抓住开放性、复杂性、多元性和限制性等展开设计。③ 二是空间设计要结合学习科学特别是环境心理学的证据。非正式学习空间的色彩、采光、温度、湿度、声学等环境因素,均会在不同程度上对师生的非正式学习产生影响,例如在图书馆的非正式学习空间中,北侧自然采光相比南侧自然采光,师生能获得更佳的阅读体验。三是空间设计要结合相关政策要求,如国家规范《智慧校园总体框架》(GBT36342—2018)、《建筑与市政工程无障碍通用规范》(GB 55019—2021)和各地方相关政策要求等,积极体现空间的智慧性与人性化设计。

第三,在上述两类方法应用的基础上,空间的具象设计宜引入 PST 设计方法。即教育学(pedagogy)、空间(space)与设施技术(technology)三者相统

①　参见本章第一节中的"规划分析的方法"部分。
②　Fisher,K. The Translational Design of Schools：An Evidence-Based Approach to Aligning Pedagogy and Learning Environments[M].Rotterdam：Sense Publishers,2016:8.
③　刘徽.真实性问题情境的设计研究[J].全球教育展望,2021(11):26-44.

整、互动的设计思维，每个空间设计深入思考教与学的具体要求、相应设施技术，并通过具体的物质化设计实现空间功能的创造，实现教育需求、设施设备与空间功能的协调统一。具体而言，"教育学"需求通过关联的"空间"和"技术"来实现应有的理念和目标；"空间"是物质载体，通过布局、造型、体量、功能、色彩、灯光等的规划设计，通过承载"教育学"和嵌入"技术装备"来形成空间的功能；"技术"对空间设计提出一定的"占有"要求，包括建筑装备特别是教育技术装备，并促进"教育学"要求的最终实现（见图5-6）。每个非正式学习空间的设计，对教育学、空间与设施技术三者应专项开展具体分析，以实现三者之间的功能协调，促进相关非正式学习功能的实现。

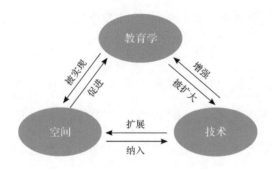

图 5-6　非正式学习空间设计的 PST 方法

来源：Radcliffe，D. A. Pedagogy-Space-Technology（PST）Framework for Designing and Evaluating Learning Places//Proceedings of the Next Generation Learning Spaces 2008 Colloquium[C].Brisbane：The University of Queensland，2009：11-16.

二、空间生成的具象设计

具象设计是非正式学习空间建设流程中核心的核心，是把抽象建设目标转化为具体形象空间的关键环节，包括方案设计、初步设计和施工图设计，并以可视化的形式加以表达,包括效果图和 CAD 图等。

(一)具象设计的内容

具象设计通过空间多领域分类设计与多专业协同设计,既强调设计要符合空间原理和教育需求,也重视一定的创意与美学设计,最终把有价值的设计要素统合为一体,促进非正式学习空间功能与形态的具象生成。具象设计主要包括五个方面。

第一,空间使用方式的具象化。深入研究每种使用方式的空间需求,将相关需求逐一落实到空间的布局、功能、家具、装备与交通动线等方面。其中,空间的类型与规模要体现师生需求与办学特色,而空间的交通组织宜体现浓郁的学习氛围与场所精神。

第二,空间形态的具象化。应结合设计任务书中所确定的理念、学段、文脉、风格、造价等因素,发挥设计能动性与艺术创造性,开展多方面的空间造型反复推敲、打磨与细化。具象设计的构思立意宜高远,并富有设计解释力。造型选择宜美观大方,并体现一定的美感如韵律、对称、比例、变化等要素。建筑材料选择应符合功能要求,体现一定的适用、绿色、经济和美观等原则。空间色彩宜结合空间功能,并体现相应年龄段师生的身心特点。

第三,空间人文性的具象化。重视空间的人性与文化性相融,一方面需将无障碍、人体工程学、功能便捷使用等设计理念深入融合到每个设计细节之中,为师生提供舒适的学习环境;另一方面需结合学校文化建设需要,合理体现校史校风与地域文脉,积极发挥非正式学习空间文化具有的引导、规范与激励功能。

第四,空间技术的具象化。宜集结建筑、结构、暖通、水电、教育装备等多专业人士的力量,对具体空间的各类技术问题展开专题研讨与专项设计。选择适用经济的结构选型、建筑设备和教学装备,重视采光、照明、通风、温度和湿度等环境因素设计,共同支撑相关功能实现。

第五,空间造价的可行性设计。依据立项建议书,合理确定建筑设计的造价标准,必要时采取限价设计策略。在具体推进过程中,各专业的设计要合理平衡适用、经济与美观原则,主动控制工程造价,不可超估算设计,并注意空间长期社会效益和环境效益。

(二)具象设计的方法

具象设计是理念与方法相融的综合性创作,有多种类型的设计方法,其中有两种设计方法尤为重要。

第一,非正式学习空间的体块分析法。它以给定经济技术指标的初始体块为起点,结合具体功能需求、设计规范和造型表现,不断通过切割、扭转、拉伸、移动、打碎、隔离、叠加、穿插、组合等手法反复推敲与优化,最终让生成的空间在功能复杂性、建设经济性与空间美学性等之间找到最佳平衡点,形成多方满意的空间设计效果。

第二,邀请师生参与设计。只有当学习环境的使用者了解并提供空间背后的教与学原理时,设计才能充分融合教育意图[1],从而更好确保设计的科学性与逻辑性。师生参与非正式学习空间的设计,能提高设计师的认知深度即认知到空间心理环境与技术设施是如何协同影响师生的学习,从而提升学习环境的设计品质。[2] 师生对非正式学习空间的使用具有动态过程性而非静态结果性,也需要借由师生参与设计从而更好地了解需求、表达需求并融入需求。总之,师生参与设计并动态提供需求与过程性反馈,对提高空间设计品

---

① Darian,K. & Willis,J. Designing Schools:Space, Place and Pedagogy[M]. New York:Routledge,2016:193.

② Mäkelä,T.E. et al. Student Participation in Learning Environment Improvement:Analysis of a Codesign Project in a Finnish Upper Secondary School[J]. Learning Environments Research,2018,21(7):19-41.

质具有不可或缺的重要作用。

具象设计的成果有多类表现形式。一般结合具体空间需要有机组合不同的表现形式,包括文字说明、方案效果图、平立剖图、模型、施工图纸、材料样品等。表现形式的相关设计工具比较多,其中 CAD 软件是最具综合性的专业设计工具,也是设计成果图纸化表达的主要工具。学校师生安装"CAD快速看图"等简化版软件,是参与设计的重要介入工具,对更深入了解空间设计并提出优化建议具有十分重要的意义。如前所述,3D Max、SketchUp、Lumion 等软件在具象设计中仍有重要作用。BIM 技术即建筑信息模型技术应用日趋成熟化,能在空间设计中提供"元宇宙"级的可视化虚拟空间,依托 BIM 技术开展的设计不断增多。

三、空间设计成果的合理性评估

非正式学习空间的具象设计,通过仿真效果图、CAD 图纸等形式进一步全面且深入描绘了未来空间建设效果,并较为充分地表达了未来可预期的人境关系与使用模式。

(一)合理性评估的内容

为确保未来实际建设成果,非正式学习空间的具象设计成果需进行全面的合理性评估。方案设计、初步设计和施工图设计等不同阶段的具象设计,不断深化空间的整体风貌与各类细节,不断深化需求的衔接与融入,一般需在合适时间召开多次专题工作会议,以对不同阶段的具象设计成果展开合理性评估,旨在确认、修正或完善相关具象设计,核心是明确价值与调适冲突,为后续工作奠定关键节点基础。

具象设计的评估，主要开展五方面的综合性评价。一是设计思想评估，应以空间设计的教育性与文化性为评估视角，评价空间的立意是否高远、构思是否精巧、是否富有创意性与象征性。二是空间功能性评估，总图和各单体的平面布局、功能设置、交通动线等宜合理适用，体现灵活可变性与便捷易达性，节点设计深度应符合要求。三是空间美学与人文性评估，形体、色彩、用材等宜富有艺术美感，体现以师生为本的人性化设计理念，融合地域文化与学校文化，并体现浓郁的空间场所精神。四是空间技术性评估，规格尺寸合理，结构选型安全，配套设施技术选择合理，空间环境舒适、绿色、环保，施工技术先进并有可行性。五是空间经济性评估，空间建设造价经济、建设周期可控，体现全寿命使用周期的经济性，社会效益和环境效益良好。

（二）合理性评估的方法

具象设计成果的评估方法较多。部分方法与前策划的预评估方法具有相同性，如空间句法、模糊决策法、SD语义分析法，它们在具象设计评估中仍有很好的适用性。该阶段的评估主要还包括如下四种方法。

第一，专家咨询法。一般通过专题会议或通信评议等形式，邀请擅长教育空间设计的多学科专家，开展设计成果的专门评议。在流程上包括业主基本情况介绍、具象设计成果介绍、专家点评与讨论、形成评议结论等环节。一般专家宜由业主单位出面委托邀请，与设计单位不宜有利益相关性。

第二，邀请师生参与评估。参与评估的师生除前期已被邀请参与设计的人员外，宜在广大范围内邀请部分代表性的师生参与。参与评估，可通过会议评议、书面评议或候选方案投票等方式展开，着重评价相应非正式学习空间对师生需求的满足程度。同时，师生参与评估对提高未来建成空间的满意度也有积极意义。

第三,比照法。结合具体空间对照国家设计规范与标准开展严谨的审查,如中小学图书馆的非正式学习空间设计,不仅要符合一般建筑设计规范,还要符合《中小学校设计规范》(GB50099—2011)、《图书馆建筑设计规范》(JGJ38—2015)等规范。同时,也要再次比照《设计任务书》,确保前策划的设计需求已得到深入体现。同类建成案例,也常会继续用于比照,以提升空间的设计质量。

第四,第三方专业机构的图纸审查。空间建筑设计、中大型装饰设计的全套施工图,需由第三方专业机构开展专门的图纸审查,未通过审查的图纸须进行修改,直到所有图纸通过合格性审查。图纸审查通过,项目获得审查合格证明后方可进入下一个阶段的工作。

四、形成可落地的施工图纸

中设计阶段的成果,需经规范化汇编形成定稿施工图。一般应由设计单位提供纸质设计蓝图与相应电子文档,为项目开展后续报批、预算编制与工程施工等奠定基础。

全套施工图应包括但不限于如下内容:项目概况、图纸目录、设计说明、总图、平立剖图、节点图、材料表、施工工艺、工程概算等内容,覆盖建筑、结构、给排水、暖通、电气、智能化、装饰、景观等不同专业的成果。一般采用CAD图、图示、表格和文字等多种形式进行表达。

案例 5-2:温州 W 中专一职 M$^+$ 空间的中设计

W 中专一职 M$^+$ 空间依据前策划的设计任务书,依托计算机仿真效果图、CAD 图等工具,对空间开展了比较系统深入的中设计。借助基于证据的设计和 PST 设计等方法,系统协调理念、课程、空间、设备等要素,实现了空间对教育学需求的深度融合,落实了不同非正式学习空间对各类要素的具象化设计。

第一,结合前策划所提的各楼层功能需求,推进平面功能的合理布局。依据多方面设计要求反复推敲平面布局,形成了具有可行性的功能布局成果,见(图 5-7)。其中部分空间考虑了多目的使用的需要,例如位于一层门厅左侧的戏曲教育馆,既是温州本地瓯剧的文化展览馆,

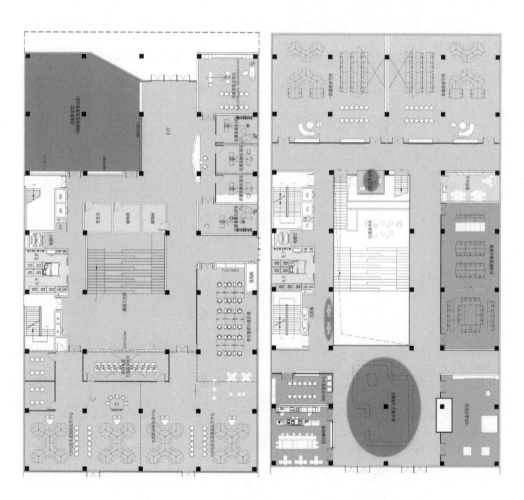

图 5-7　一职 M$^+$ 素养中心一层与二层平面布局

来源:课题组策划设计。

同时兼容学生日常舞蹈练习的功能,因此四周墙面及地面的装饰设计兼顾了展览和排练两类非正式学习的需要。从各楼层的平面布局看,设置了不少个别化学习、小组研讨学习、VR体验学习、真实性创业学习等非正式学习空间,为W中专学生的可持续"创·生"能力发展奠定了卓越的学习空间基石。

第二,合理设置空间的学习样态,允许结合学习方式变化需要灵活切换。例如,位于建筑中央跃层大厅的路演学习空间,在开展路演学习时是师生过程性学习成果的现场演示空间,包括现场演说、产品演示、推介理念与想法等,该类学习还可即时从听众那里得到互动反馈,进而进一步改进学习成果,是朋辈之间互动学习的重要非正式学习空间。在非路演学习时段,则可灵活切换为师生个别化学习、共享互动交流的非正式学习空间(见图5-8)。

第三,充分考虑教育信息技术。结合具体空间的实际功能需要,设置了相应的技术装备。如位于一层的直播空间,结合此类基于真实直播体验学习的需要,该非正式学习空间的设计一方面重视空间的直播美观度和良好的声学环境,另一方面配置了专业级的照明、拾音和录制设备,从而让学生从直播体验中取得良好的学习效果(见图5-8)。

在该项目中设计过程中,部分师生代表参与了过程性方案的研讨与评价反馈,帮助中设计成果更好体现师生的使用需要。组织召开的多次过程性设计评议会以及后期第三方机构对图纸的专门审核等,对保障设计的质量起到了重要的作用。

图 5-8　一职 M⁺ 素养中心内的非正式学习空间

来源：课题组策划设计。

第三节　持续改进：
不断提升建成非正式学习空间的品质

　　学校非正式学习空间在施工完成后，需进行建成空间核验（built space check）。一方面，客观评估前策划、中设计的相关成果是否已全面体现，是否确实能深度满足师生的需求；另一方面，为空间未来的使用与优化采集相关性能指标，同时也为其他类似空间的前策划提供案例参考。

持续改进空间的良性发展，也响应了非正式学习空间功能和场景灵活多变的特点。核心是对建成空间开展使用后评价，并开展可行、适用的改进。具体包括四个子阶段，即使用后评价（post occupancy evaluation）、优化设计（re-design）、再复核（check）和投入使用（act），形成建成空间的使用后评价与迭代完善机制，可合称为空间持续改进的 PDCA 模式（见图 5-9）。

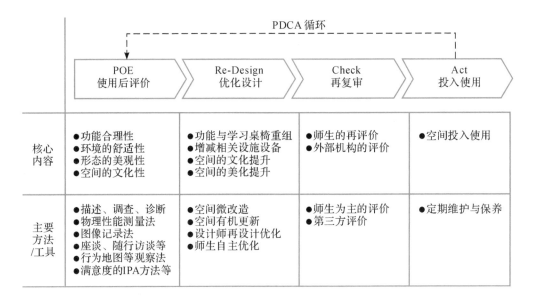

图 5-9　空间持续改进的 PDCA 模式

一、开展空间的使用后评价

建成非正式学习空间的品质，需要开展使用后评价进行相关性能的检验。使用后评价是通过一定的程序对建成建筑的性能进行测量，检验建筑的实际使用是否达到预期的设想，包括空间功能、物理性能、生理性能、使用者心理感受、环境效益、社会效益等。[①]

(一)使用后评价的内容

开展使用后评价,有利于客观反思前期设计成果。由于学习空间的特殊性,更需要关注师生体验,开发学习空间使用的评估体系并定期开展评估,以更好解决学习者对设施的动态需求。[②] 在英国肯特郡新建的数所学校中,建设之初人们高度推荐开放式学习空间布局,然而投入使用后的评价发现,由于人员流动和对前期设计理念的误解,开放式学习空间被用作"没有墙的教室",出现了在同个大开放空间中有 2—3 个不同班级在开展独立教学的情况,反而产生了很大的跨班干扰,降低了学生的学习品质。[③] 在中国,绝大部分建成的学校学习空间,有基本建设工程的质量合格验收评估,但以使用后评价作为理念开展学习空间的评估还比较少见。而开展空间的使用后评价,更多站在师生视角客观评估建成学习空间的性能,有利于发现前策划、中设计中被忽视或掩盖的重要事项,并尽可能通过再优化及空间管理跟进,以弥补前阶段的不足并提高学习空间的品质。

非正式学习空间的使用后评价,围绕学习效能主要开展四种性能评价。一是功能的合理性,评估建成空间的平面布局、空间尺度、可容纳人数、学习桌椅、学习资源、设施设备配置等是否充分满足实际使用需要,是否有部分功能前期考虑不足,可否进行优化完善。二是环境的舒适性,评估空间的采光、照明、声学、通风、温度、湿度和规格尺寸等要素,是否符合相应师生的心理特

---

① 韩静,胡绍学.温故而知新——使用后评价方法简介[J].建筑学报,2006(1):80-82.

② Preiser,W.F.E. Building Performance Assessment—From POE to BPE, a Personal Perspective[J]. Architectural Science Review,2005,48(3):201-204.

③ Hudson,M. & White,T. Planning Learning Spaces: A Practical Guide for Architects, Designers, School Leaders[M]. London: Laurence King Publishing,2019:128.

征和人体工程学,是否温馨舒适并具有积极向上的场所精神。三是形态的美观性,评估空间的美学是否有所不足,是否需要通过一定的软装布展提升美学品质。四是空间的文化性,评估空间是否体现所对应非正式学习主题的文化,是否成为体现地域文化和学校文化的重要部分。各具体空间的使用后评价,还可结合实际需求增加相关评估内容。

(二)使用后评价的方法

使用后评价有三个不同层次。依据评估的时间投入、覆盖广度、评估深度与评估价值,依次由浅入深可分为描述式、调查式和诊断式三类评价。描述式评价,主要通过较短的时间对非正式学习空间的成败展开快速评价,旨在快速反映空间的得失,并提出可能的改进建议。调查式评价则是比描述式评价投入更多时间、展开更为系统深入的评价,着力对非正式学习空间的核心性能指标展开深入细节的评价。诊断式评价则是对非正式学习空间性能的全面评价,特别是包括师生空间使用行为模式的深入评价,该评估过程更为深入,花费时间更长,是最为综合、复杂和深入的评价。[①] 一般学校建成非正式学习空间的使用后评价,主要采用描述式评价,有时候也会对空间中的师生行为开展专门主题的诊断式评价。

使用后评价有多种具体的评价方法。一是物理性能测量法,如对面积、照度、温度、能耗等物理指标开展测定,客观了解空间的主要性能。二是图形记录法,通过照片、视频等形式对建成空间的整体风貌与具体细节进行数字化采集,为评估提供一手分析资料。三是访谈法,包括常规座谈法和相应空间边走边看边聊的随行访谈法。若有条件,随行访谈法更容易获得富有价值

---

① 有关三种后评估类型更为具体的操作方法和流程,可参见庄惟敏,张维,梁思思.建筑策划与后评估[M].北京:中国建筑工业出版社,2018:91-100。

的评价信息,是一种身临其境的空间感知评价。四是观察法,包括一般现场观察、使用迹象观察和行为地图观察等,其中行为地图法能较为深入观察师生在非正式学习空间中的空间偏好与行为模式。五是满意度调查法,包括模糊评价法、重要性—表现程度分析法即 IPA 法(importance-performance analysis)等。在具体空间的使用后评价操作中,应结合评价目的需要和可行性条件,选择其中数种方法联合开展使用后评价。

二、建成空间的再优化设计

建成非正式学习空间的再优化有其积极意义。一方面,有效回应了非正式学习空间"未来需求的不确定性"以及前策划、中设计阶段"人的理性是有限度的"弊端;另一方面,有效回应了"建筑师大多只对建筑本身感兴趣,而不对建筑使用者和活动负责"的弊端[①]。建成空间的再优化内容包括:平面功能再优化、学习桌椅等资源重组、增减相关设施设备、提升空间的文化性与美学性等。非不得已一般不建议进行空间全面推倒的重新设计,以免带来资金和时间的浪费等问题。通常经再优化设计,可以解决大部分前期建设的不足问题。

在再优化方法上,可引入空间微改造、有机更新等设计理念。通过设计师的二次再设计提供解决方案,也可通过师生对功能与设施设备的重组、软装布展、文化布展等方式,对局部空间进行微调整与优化,从而进一步提升非正式学习空间的品质。

---

① 劳森.空间的语言[M].杨青娟,等,译.北京:中国建筑工业出版社,2003:11.

三、空间符合需求的再复审

经使用后评价和再优化的非正式学习空间,可再次组织空间性能的复审。通过师生再评价、外部机构独立评价等途径,对性能进行复核、修正或确认,便于空间微改造、有机更新提升的最终落地。

除了学校师生为主的评价复审,结合各级政府的办学督导评估、现代化学校评估等第三方评价,也是评价非正式学习空间品质的重要机遇。

四、建成空间持续发挥效益

经前策划、中设计、持续改进和多专业施工的非正式学习空间,最终被建成并投入使用。投入使用后应定期开展维护与保养,必要时可重启空间的使用后评价与改进。在使用过程中宜重视空间的场所精神塑造,积极推进师生与场所之间建立意义连接,生成空间记忆,持续发挥空间的精神堡垒作用。

非正式学习空间从前策划到最终投入使用,既是各类需求被不断抽象、具象、施工的过程,也是确定建设目标、空间生成、空间再优化的过程。始终以空间质量持续提升为目标,形成了多个阶段的 PDCA 循环,为学校非正式学习空间建设提供了具有清晰阶段性、指引性的建设理念与路径。

第六章

非正式学习空间的
设计策略

教育机构建设非正式学习空间,既包括位于建筑空间中的非正式学习空间,也包括落在景观空间中的非正式学习空间,特别是建筑和景观的公共空间具有作为非正式学习空间的充足潜力。尽管非正式学习空间的建设方式包括新建、改建、迁建、恢复和扩建等多种,但其在校园空间中的占比往往不高,因此需要采取多种策略,革新设计思想,多方挖掘释放潜力,积极增加供给。主要可分为四类设计策略,不仅可通过引入新型非正式学习空间的策略增加供给,也可通过既有各类正式学习空间、公共空间的兼容拓展,还可通过既有非正式学习空间的增效提质等策略增加非正式学习空间的供给能力(见图 6-1)。

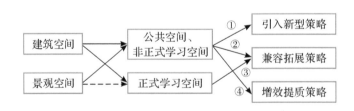

图 6-1　非正式学习空间建设的四类策略

注:学校景观空间中设置正式学习空间比较少,因此本图采用虚线表示。

四类设计策略体现了非正式学习空间建设的引入新增、复合兼容、增效提质的设计思想,体现了统筹有序布局、强化空间功能、柔化空间界面、增大空间尺度等设计手法，能为学校因校制宜结合实情开展非正式学习空间建设在设计方向与策略上提供具体方法论，为相关空间的具体建设实践提供清晰且具体的实操指引。

第一节　校园引入新型空间的策略

从现状看，绝大部分学校的非正式学习空间为常规类型。受制于理念、技术、经济和办学定位等因素，比较常见的非正式学习空间主要是阅读空间、休憩空间、游戏空间和运动空间等，承担自学、社交、闲暇、游戏和运动等功能，学习方式通常为个别化学习、小组学习或团体活动，空间背后的相关学习理念、学习方式和学习资源载体，也是人们已普遍采用的成熟模式。

基础教育的革新发展需要引入新型非正式学习空间。伴随社会经济水平上升和教育理念的革新，特别是核心素养教育、适性因材施教、培养 21 世纪能力、面向未来的智能教育等理念的广泛普及，推动学校教学活动从课堂向课前、课后扩展，学习领域从单一学科向跨学科拓展，学习方式从线下走向线上线下相结合，更为重视基于真实情景的深度学习。由此，对具有深度学习性、开放互动性、真实情景性、过程不确定性、线上线下相结合特征的新型非正式学习空间的需求日益增加，特别是项目化学习空间、路演学习空间、真实性学习空间和混合学习空间[①]，成为学校需要积极引入的新型非正式学习空间。

---

① 　需说明的是，一方面，上述学习空间在一定学习情景与学习活动组织下，也可能是正式学习空间，并呈现高结构化的学习特征，如项目化学习空间中教师组织开展专题讲授课。另一方面，在项目化学习空间中，很多学习任务具有"真实性学习"的特征，因此两类空间有一定的交叉性，但也有区分性。本书所指的项目化学习空间更为强调围绕主题的深度学习，而真实性学习空间更为强调基于真实情景的探究学习。

一、围绕主题深度学习的项目化学习空间

项目化学习成为学生深度学习的重要方式。学生的深度学习不一定发生在传统班级授课制的课堂,在有意建构的固定学习情景中。项目化学习,是学生在一段时间内对与学科或跨学科有关的驱动性问题进行深入持续的探索,在其调动所有知识、能力、品质等创造性地解决新问题并形成公开成果的过程中,形成对核心知识和学习历程的深刻理解。[①] 主题导向的项目化学习[②],为学生认知与发现世界提供了新的认知方式,更有利于学生创造性、批判性等关键能力和高阶思维的发展。在持续的项目化探究中,通过学科知识、生活世界、人与人之间的多维度深度对话,不断建构形成概念性思维,深度理解知识并学会知识的迁移。

项目化学习空间的设计,要抓住此类学习方式的本质特征,学习环境要促进师生对问题情境展开共同探究,激发学生的探究热情和主动学习能力,促进以学生为核心的心智自由流动与思维发展,并促进相关公开学习成果的形成。空间学习环境的设计,应凸显三个方面的核心设计要点。

第一,空间要有利于指向核心知识的深度理解。项目化学习的重点是学习学科关键概念与能力等核心知识,因此项目化学习空间的设计应重视学习境脉的营造。空间需要提供与学习主题相关的学习资料、探究素材或实验工具,需要设置讨论空间、设计空间、实验空间等场所,从而有利于师生确立驱动性问题,构建具有真实性或模拟性的学习情景,便于师生在相应情境中沉

---

① 夏雪梅.素养时代的项目化学习如何设计[J].江苏教育,2019(22):7-11.

② 项目化学习的具体主题可以是单一学科内或跨学科的,一般可分为微项目化学习、学科的项目化学习、跨学科的项目化学习和超学科的项目化学习。相关具体内涵可参见夏雪梅.项目化学习:连接儿童学习的当下与未来[J].人民教育,2017(23):58-61。

浸式交流,主动开展知识的发现、迁移、运用、转换等深度学习。

第二,空间要便于学生可持续深入开展探究。项目化学习富有学习过程的体验性与实践性,除微项目化学习可在较短时间内完成外,很多项目化学习往往需要较长时间的积累,其中不少项目需要数天甚至一个学年,过程常常包括项目构思、设计、实施、评价、再完善等多个阶段,与学生其他学业活动交叉进行是常态。因此,空间宜具有一定固定性,并允许师生可较长时间存放学习所需要的各类资源,需多设储物空间。当然,为提高空间的利用价值,学校可实施一个空间满足多个项目化学习小组的管理方式。

第三,空间要便于探究成果的概念化与成果公开。知识的概念化是项目化学习的重要认知图式,空间设计应便于实验探索、合作讨论、灵活展示等活动的开展。同时,应设置多媒体显示屏、展示文化墙、成果展柜等空间,便于公开性学习成果的宣展。经常进行公开展示的项目化学习空间,宜取消面向走廊的墙体而设活动隔断,便于更为灵活的公开展示。

在实际空间设计中,项目化学习的探究主题、成员规模和学习时长动态变化,因此面积宜在30~90平方米之间,四周墙面宜设置多媒体显示屏、可书写墙、学习资源柜、文化展示墙、成果展柜等装备。空间的文化取向与设计风格,宜结合学校办学特色与采用项目主题导向。杭州拱墅区 W 中学,围绕学生的探究、观察、创新、创造能力培养,设置了由 4 间教室组成的组团式项目化学习空间即多元创客教育空间(见图 6-2)。整个风格富有创客特色,并能满足木工、金工、机器人、3D 创客等多种主题的项目化学习需要。

图 6-2　杭州拱墅区 W 中学多元创客项目化学习空间

来源:课题组设计。

二、开展情境化探究的真实性学习空间

当前学校中具有真实性问题情境的空间还不多。最大的困境是学校教育和现实世界的过多隔离,教学过于以教材为中心,学生既不能充分运用生活中既有的经验,也不能将学校所学迁移到未来的问题解决之中,核心症结是学习过程的去情境化。事实上,情境性是认知活动最根本的属性[①],而当前学校的很多学习活动是去情境化的,其结果是学生获得了一种只适用于学校场景的"惰性知识"(inert knowledge),而惰性知识将不能帮助学生解决未来的真实性问题。去情境化的学习,往往未能激发和保持学生解决问题的动机,没有让学生经历完整的问题解决过程,没有建立基于理解的位置记忆等

①　Greeno,J.G. The Stativity of Knowing Learning and Research[J]. American Psychologist,1998(1):5-17.

因素,而不能帮助学生形成具有可迁移、高通道的知识。① 相反,真实性学习以情景中的"真实问题"为链环,能促进知识从"零散"走向"群组",能力从"机械"走向"迁移",思维从"模仿"走向"创造"。② 因此,学校教学需要加强与真实世界的紧密联系,尽可能多创设具备真实性问题情境要素的真实性学习空间。

真实性学习空间是学习者开展"真实性"学习的场所。它体现"为真实而教,为真实而学"的理念,是学习者进入未干涉的真实世界或由学校建构的类真实学习情境中,运用真实性学习材料,对真实性问题展开主动深入的探究与互动。通过与真实性问题情境的深度互动,通过与情境中真实群体的行为与情感对话,实现个体"认知经验"的丰富化,从而促进学习者的德性化与智识化,形成具有可迁移性的高级思维与复杂技能。

真实性学习空间,包括学校内和学校外两类真实性学习空间,学校外真实性学习空间是长时段、集中式研学实践活动的重要场所,而学校内真实性学习空间则是随时、多频次真实性探究的学习空间。真实性学习空间的设计,应抓住"真实性"的本质特征。

第一,空间内蕴核心知识的问题主线。空间设计的目的是服务学习者"真实能力"成长,并使学习者形成解决未来现实问题的专家素养。因此设计要突出核心知识的"问题原型"及其与专家素养形成之间的关联性,必须包含有利于学习者真实性问题探究的各类特征,如问题的背景、表现形式、结构要素等,但未必需要原原本本的"全真实",有学者从教学角度认为不是越真实

---

① 关于这方面更为详细深入的探讨,参见课题组成果文章。参见刘徽.真实性问题情境的设计研究[J].全球教育展望,2021(11):26-44。

② 代建军,王素云.真实性学习及其实现[J].当代教育科学,2021(12):44-48.

越好①。换言之,并不是要求真实性学习空间中的每个要素都必须是"真实"的,而是学习者能开展与探究真实世界相似的真实性学习。

第二,空间设计体现真实性问题的逼真情境。真实性问题植根于现实世界,始终与外界保持联系,复杂的情境脉络和开放不确定性是其天然属性,包括问题背景知识的复杂性、解决问题过程本身的复杂性和可能解决方案的多元性。真实性学习空间设计一方面应富有"情境化",有利于学习者开展"情境化推理",因此宜在三类维度上体现"逼真度",包括空间情境与真实情境在学习者心理上相似性的心理逼真度,在功能上相似性的功能逼真度,在看、听、闻等空间感观上相似性的物理逼真度。空间设计允许有一定的仿真,只要不影响真实性问题的呈现与探究。另一方面应富有"开放性",问题情境不一定是一个静态的场景,也可以动态生成,并体现为影响问题解决的条件和信息开放,解决问题所需的人、财、物资源开放,以及来自各方评价反馈的开放。

第三,空间设计重视多维互动对话与共同体验。一是空间鼓励人际合作对话,真实世界的问题往往不是一个人完成的,而需要经历合作、分享与对话互动,空间设计应鼓励学习者之间开展围绕真实性问题探究的对话与交流。二是空间鼓励人境对话,不同于去情境化学习的"纯脑力劳动",空间设计要配套探究工具和设备,以便于人境对话的深入开展,旨在鼓励学习者像专家那样发现问题、分析问题与解决问题,促进真实能力的生成。

综合上述真实性学习空间构建要求,并结合学习时间成本、经济成本、安全因素和其他可行性因素,除了常见的如物理、生物等实验类学习空间外,在

---

① 学者杰罗姆·范梅里恩伯尔(Jeroen J.G. van Merriënboer)等给出了运用模拟问题情境而非真实(现实)问题情境的理由:(1)能控制提供给学习者任务的先后序列;(2)有更好的机会为各项任务提供更多支持与指导;(3)在完成任务时避免出现不安全和危险情况;(4)加快或放缓完成任务的进程;(5)减少完成任务的成本;(6)创建在现实世界中很少出现的任务;(7)创建那些由于物质或资源有限而不太可能实际发生的任务。参见范梅里恩伯尔,等.综合学习设计[M].盛群力,等,译.福州:福建教育出版社,2015:52。

校园中能有效满足心理逼真度、功能逼真度和物理逼真度三种要求的学习空间其实并不多,校园绿地水系生态探究、校园农场种植、校园气象观测站、校园地震监测站等是为数不多具有高绩效表现的真实性学习空间。就学习对象的可控性和丰富性、探究主题的多元性和学生参与面的广泛性而言,校园农场种植则更具有代表性。厦门翔安区 D 小学结合教学楼屋顶条件,设置了一个开展多目的真实性学习的校园农场,可允许师生随时、多频次开展真实问题的情境化探究。空间功能围绕农作物生长过程、病虫害治理、现代农业栽培技术等真实性问题展开设计;设置了粮食、蔬菜、瓜果和鲜花等多片种植区,并配有多种类型的种植工具;设置了户外半开放式交流座椅和成果展示墙,可满足小组或社团研讨需要(见图 6-3)。

图 6-3 厦门翔安区 D 小学屋顶农场学习空间

来源:课题组设计。

学校还专门建设了一个阳光玻璃房,内设现代农场培育设施以及智能化监控设备,包含育苗、水培、气雾培、鱼菜共生、气温控制等设施,是一个具有多种逼真现代农业场景的高探索性智慧农场(见图6-4)。学校还利用部分教学楼的屋顶露台,设置了开放式的户外交流空间,设置有多种不同围合形式的交流座椅,成了教师教研活动、学生项目化学习等非正式学习活动的重要空间(见图6-5)。

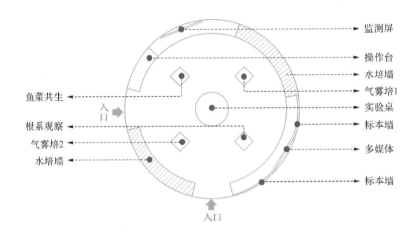

图6-4 厦门翔安区 D 小学屋顶农场智能温室功能图

来源:课题组设计。

图6-5 厦门翔安区 D 小学屋顶户外学习空间

来源:课题组设计。

三、学习展示与迭代的路演学习空间

校园中的路演学习,是一种新型的非正式学习,它向师生介绍过程性或结果性认知发现、创意产品或创新成果的交流展示活动,也可以是师生个人风采、社团活动的现场展演活动,包括现场演说、产品演示、推介理念与想法、风采展示等。该理念源自国际上广泛采用的证券发行与推广方式,是促进投资者与股票发行人之间交流沟通的重要推介和宣传方式,如今已成为经济活动中新产品、新服务吸引目标人群关注的重要手段。

学校的非正式学习活动日益需要路演学习空间。首先,需要更多展示交流机会。很多学校办学规模较大,师生各类学习成果丰富,由学校官方组织的有限场次的集中式交流展示活动,如科技节、文艺晚会等,很难给师生提供充分且随时可进行的展示机会,也很难能响应所有师生不同层次、类型的展示需求。学校引入路演学习空间,设计专门的交流展示空间,并由师生自组织运营,极大增加了师生非正式的学习交流机会和频次,并有利于营造勇敢展示与交流分享的学习氛围。其次,路演学习空间为师生提高各类学习成果的质量提供了新的评价与反馈方式。师生通过路演空间的展示,不仅增加了为准备路演内容展示而开展的自我迭代思考,更为关键的是在路演展示过程中,能及时从观众那里获得各类互动反馈,得到很多"意外"的知识与思想,有利于展示者拓宽认知边界,加深认知深度,从而进一步促进学习成果的迭代优化。再次,新型学习主题需要开展路演展示。中小学中创新创业和动手实践导向的学习主题日益增多,包括基于设计的学习、基于创业的学习、基于创作的学习等。此类学习内容中不少具有"迭代优化"的特征,需要通过路演空间等展示途径,给予更多成果优点与不足的反馈,并进一步引发了对路演空

间的新需求。最后,路演学习空间也为以朋辈群体为主的观众即学生提供了丰富多彩的各类学习机会,促进了同辈榜样学习与自我反思学习,增添了校园浓郁且积极向上的学习氛围。

学校路演学习空间的设计要重视"秀场景"的打造。路演空间的英文本意就是 Roadshow 空间,旨在向观众进行特定主题及相关产品或作品的全面展示与介绍。作为学校日益重要的非正式学习空间,空间的选址与功能设置应支持更多"秀场景"的发生,并促进形成更多"学习秀"的成果。在路演学习空间的具体设计上,应特别注意两个核心设计要点。

第一,选址宜位于人流较多的公共空间。路演空间的秀场景重视"人的汇聚",需要有人倾听,更需要"台上台下"的互动交流。不仅需要预约师生的入座交流,也欢迎相遇师生的偶发参与,旨在让更多思想与学习成果产生交流碰撞,促进学习成果的迭代优化。因此,室内型的路演学习空间选址宜位于教学楼的一层或二层,宜靠近师生进出的人流的主通道,如学校主门厅、通往食堂主通道等,相关范例如图 6-6 所示。户外型的路演学习空间,选址宜位于校前广场或主教学楼庭院,便于周边楼宇师生在视觉上可见,并利于师生便捷到达,相关范例如图 6-7 所示。

第二,功能设计满足全方面展示的需要。为提升师生路演展示的效果,应重视路演舞台和观众席的合理设计。一方面,一般需设较大面积的路演舞台,舞台台面面积不宜小于 $10m^2$,台上宜设多媒体显示屏和扩音设备。舞台宜适当抬高,一般为 $40\sim80cm$,便于观众有良好的观演视线效果。另一方面,围绕舞台宜设开放式座椅,座椅款式宜为大小阶梯式或条状式,前后排座椅宜有一定视线高差。场地周边可预留部分站立位空间,便于经过的师生驻足观演。此外,路演空间的设计应考虑功能灵活使用需要,在非路演展示时段,可灵活切换为师生开展个别化学习、共享互动交流的非正式学习空间。

图 6-6　温州市 D 中学室内型路演学习空间

来源:课题组顾问设计。

图 6-7　台州临海市 S 小学户外型路演学习空间

来源:课题组顾问设计。

四、线上线下结合的混合学习空间

校园中的混合学习,其中相当一部分是非正式学习。混合学习发端于北美,现已成为全球普遍采用的教育实践。它把传统学习方式的优势和 E-learning 的优势结合起来,是将面对面学习和计算机辅助教学相混合,从而优化学习产出,并可降低学习成本的一种学习方式。[①] 其中由教师主导组织的混合学习,具有正式学习的特征,而由学生自主探究及控制时间、场地、路径和进度的学习,则更具有非正式学习的特征。在分类上,混合学习包括常规线上线下结合的基本型,依托 VR、AR 等技术的增强现实型和跨区域合作学习的创新混合型,在学校中以基本型最为常见。

当代学生的学习非常需要线上线下相结合的混合学习空间。此类空间不仅强化了一般学习空间中对学习者"主动性、社会性和个性化"的隐喻,更蕴含了"数据支持、非线性、智慧性、碎片性"等新特性。[②] 它促进了人与学习资源的人机互动与体验性,具有多方面的价值:首先,能为学生提供比较丰富的学习资源,在线资源的类型众多,数量庞大,有助于学生开阔眼界,并为学生特定主题的深入探究提供丰富资源。事实上,学习是在充满想象力、趣味性和资讯丰富的环境中进行的知识共同创造,是未来公民至关重要的技能。[③]其次,能帮助学生更好形成创新型的学习成果,依托网上丰富学习资源和计算机的办公软件、思维导图软件、编程软件、辅助设计软件和视频处理软件等技术,能协助学生超越传统学习成果纸笔表达的藩篱,形成更具表达深度与

① 陈亮,张渝鑫.基于混合学习的中小学扶贫课程模式探究[J].现代教育技术,2018(7):58-64.
② 吴南中.混合学习空间:内涵、效用表征与形成机制[J].电化教育研究,2017(1):21-27.
③ Wells,G.,& Claxton,G. Learning for Life in 21st Century: Sociocultural Perspectives on the Future of Education[M].Cambridge,MA: Wiley-Blackwell,2002:22.

可理解性的学习成果。再次,能更好促进学生综合素养的发展,人们已清晰认识到,能胜任解决未来世界问题的学生,不仅仅需要创造性思维、审辩性思维、系统性思维、人文素养等能力,也日益需要科技素养和数据素养①,混合学习能为学生提供更具个性化、精准性的教育服务,促进学生面向未来的核心素养形成。当代学生是数字原住民,他们的需求正在推动教育实践、课程和学校本身作出重大的变革②,建设线上线下相结合的混合学习空间,响应了学生的数字化教育需求,体现了学校现代化转型的方向。

学校的混合学习空间建设,我国已具备较为良好的基础条件。我国大力发展"互联网＋"教育,加快推进教育领域的数字转型。据教育部统计,绝大部分学校已接入互联网,约三分之二的学校实现无线网络全覆盖,大部分学校都建有校园网,其中普通教室为网络多媒体的占比较高,小学、初中和高中的占比分别为77.36%、84.03%、84.92%(见表6-1)。2018年我国发布了《教育信息化2.0行动计划》,2022年启动实施了教育数字化战略行动,并发布了全球最大规模的"国家智慧教育公共服务平台",为全国各级各类学校的混合学习空间建设奠定了基础。

表 6-1　2020 年底全国中小学教育信息化主要基础设施情况

	小学	初级中学	普通高中
全国学校总数/个	157979	52805	14235
接入互联网校数/个	155706	52374	14051
接入互联网百分比/%	98.56	99.18	98.71
建立校园网校数/个	111284	40871	12425
普通教室/间	3164558	1518432	910532
其中网络多媒体教室/间	2448203	1275915	773185
网络多媒体普通教室占比/%	77.36	84.03	84.92

来源:教育部.2020年教育统计数据[R].北京:教育部,2021-08-30.

---

① 奥恩.教育的未来:人工智能时代的教育变革[M].李海燕,等,译.北京:机械工业出版社,2019:71-72.
② 哈蒂,耶茨.可见的学习与学习科学[M].彭正梅,等,译.北京:教育科学出版社,2018:208.

学校非正式学习的混合学习空间设计,要着力加强空间开放性、便捷性、智慧性与有序使用的设计,可与其他非正式学习空间有机组合建设,重点要建设好两类混合学习空间。①

第一,建设好基本型混合学习空间。首先,空间设计体现共享性与灵活性,选址应利于师生便捷可达,可集中设置、泛在分布,或集中与泛在有机组合,也可与图书馆、计算机室等兼容设置;空间内平面布局应灵活可变,能满足个别化、小组、大组等不同规模混合学习场景使用的需要。其次,空间功能应利于学习者的知识探索,着力围绕学习者的知识获取、加工与创造等多个知识探索环节,在物理空间上配置相关图书资料、共享计算机和必要的学习工具,在虚拟空间上应连接高速互联网,提供相关信息处理软件,从而为学习者知识探索与创新提供强有力的支持。最后,空间体现一定的智慧性与人文性。师生的混合学习需求动态变化,有条件的学校混合学习空间应具有场所可预约、学习过程可记录、学习内容可推送、学习成果可共享与评价等一定的智慧性功能;空间风格宜体现所在学校文化并富有美感,体现空间的人文情怀。参考范例如图6-8所示。基本型混合学习空间因其功能强大、用途多元,绝大部分学校宜配置。

第二,建设好增强现实型混合学习空间。伴随当代增强现实技术的发展,具有虚实结合、实时交互的新型学习场景开始出现,并能以较低成本和耗材的方式为学习者提供身临其境的学习体验,如可登陆月球、与非洲狮子互动等,在学校中显现出十分实用且广泛的应用前景(见图6-9)。对于此类非正式学习空间的具体设计:首先,应重视人—技术—空间之间的深度融合,不同的增强现实技术对空间尺寸、设备摆放、强弱电、采光等方面的要求相差较

---

① 创新混合型学习空间是开展跨区域、跨学校线上合作教学为主的学习空间,更具有正式学习空间的特征,在此不再赘述。

图 6-8　厦门翔安区 D 小学基本型混合学习空间

来源：课题组设计。

大,相关空间设计应当采用 PST 设计方法[①],提前开展相应增强现实装备的技术参数研究。其次,室内空间设计风格宜简约大气,过于复杂或过多装饰的设计,反而会对增强现实空间的体验起到喧宾夺主的作用。最后,要注重使用的安全性,不仅要注意相关装备采集学习者各类学习数据的安全性,也要留意增强现实装备为学习者提供的具身认知学习,或可能因在虚拟空间中的感官错觉而发生眩晕、跌倒等意外,宜主动采取相关安全设计措施。增强现实型混合学习空间需要一定的前期硬件建设投入,相关技术更新迭代较快,有条件的学校可酌情配置。

第二节　公共空间的兼容拓展策略

学校校园空间除了教学用房、运动场、交通空间外,还有大量的公共

---

① 参见本书第七章对 PST 设计方法的介绍。

图 6-9　基于 VR 和裸眼的增强现实技术

来源:课题组设计(左)、Magci Leap 公司(右)。

空间,尤其以公共景观空间和公共后勤空间最具有兼容非正式学习空间的潜力。一方面,师生在公共空间的非正式学习需求强烈,在功能上它是师生学习、社交、休憩、游戏、展示和文化习得的重要活动空间,而在寄宿制学校中公共空间的上述功能需求更为显著。另一方面,公共空间通过创新设计有丰富潜力成为非正式学习空间。如学校景观空间,一般学校的绿地率为35%,按通行绿地率计算法则规定在集中绿地中不超过30%面积可做各类硬质空间,即允许不少空间可开发作为非正式学习空间;如后勤餐厅空间,非就餐时段基本处于闲置状态,也可开发作为阅读或交流空间。

学校公共空间进行非正式学习功能的设计,应抓住此类空间的重要特征。作为实施教育活动的场所,它与市政公共空间具有很大的特征差异,其主要面向师生为主的特定人群,空间的使用时间具有高节奏性,空间的使用共享具有对特定人群的高开放性等特征,努力为师生创造更具品质性的校园空间。

一、景观空间兼容非正式学习

学校公共景观空间是校园中可开放共享的场所,其兼容非正式学习的功能设计应具有先进的设计理念,并应结合师生需求和场地设计选择适宜的兼容途径。

(一)景观空间的绿化、教化与文化兼容设计

学校校园的景观建设应超越绿化观。很多校园的景观建设,主要开展场地的绿化设计与道路设计,在具体设计过程中往往重心聚焦两点,一是景观的绿化和美化,并高度关注绿地率指标的达标情况;二是人流流线和交通流线,并高度关注消防通行与疏散要求。确切地说,只是从通用景观设计的视角关注校园景观设计。这导致大部分学校的景观空间成了纯粹的校园绿化,而忽视了它还具有的可作为师生学习、社交、游戏、休憩、展示和文化引领等场所的功能,由此校园景观"养眼不养心"成为典型写照。这一现象的本质是忽视了景观可具有的文教功能,忽视了绿化、教化与文化可在景观中实现"三化"的有机融合。

由此,景观设计需要引入创新的设计理念,推进空间"三化"有机融合。校园景观空间一般占地较大,能开展设计的空间选择余地和设计方式较为多样,应因校制宜结合具体空间的场地实际,合理规划引入不同类型的非正式学习区域,配置相应的户外空间装置,可以实现让部分景观升级迭代成为重要的户外非正式学习空间。事实上,景观具有落实"教知识"功能的天然优势,也是体现"育文化"功能的重要载体。推进景观空间实现"三化"的有机融合,具体而言要重视四方面的设计理念。

第一，教育功能融入景观设计。超越景观设计仅是绿化设计的思维，结合师生在公共景观中可能需要的行为方式与类型，从户外非正式学习空间视角合理考虑景观的功能设置，实施绿化空间与户外学习空间的合二为一设计。结合校园景观场地选择合适位置，有意识地融入可互动、可驻留、可独处、可集会的空间，如通过户外桌椅、风雨亭、景观廊、花架、表演舞台、下沉广场、路演学习空间等景观构筑物，通过设置农业种植园、气象观测站、地震监测点、地质园等，并结合一定的景观造型设计，能兼容建设多种类型的户外学习空间。让师生在无意识的内隐学习中极大拓展校园景观的非正式学习功能，成为师生成长的重要"隐性课程"，在潜移默化中促进学生综合素质的发展。

第二，文化功能融入景观设计。景观具有呈现文化表现的优势与潜力，如松、竹、梅被誉为岁寒三友，梅、兰、竹、菊被称为四君子，桃李的满天下，白玉兰的清逸雅致等，此类景观植物已被赋予浓厚的文化内涵；景观中的植物运用一定造景手法构建的特定空间意境，或特定植物如校树、校花被赋予的人文精神；景观造景中的校训石、雕塑、亭台、景观文创小品、楹联、题刻、碑记、宣传栏等载体，它们都是景观可进行文化表现的重要渠道。每个学校将文化融入景观设计，要多方挖掘学校的历史文脉、办学特色、知名校友和办学成果等中的积极元素，挖掘学校所在地的地域文化、名人故事、重大事件等，通过合理的景观设计手法，彰显文化底蕴、价值导向与精神气质。景观设计也要营造师生日常在景观中活动的文化场景，如将户外剧场、师生作品展区等引入景观，提升空间的人文性。总之，文化融入景观能在润物细无声中对师生起到文化熏陶、引导与激励的作用。

第三，重视空间的人性化设计。一是重视景观的学段性，各级学校的学生年龄相差较大，景观设计应结合相应学段儿童的天性，在景观中引入适宜的空间造型、色彩与器具,空间尺度适宜并富有亲和力。二是选址便捷可达,设施设备安全耐用。在选址上应避免人流、车流和污染源的干扰,有一定的空间领域性与私密性,成为师生愿意使用的户外空间。三是重视景观的采光因素,特别是教学用房主采光窗附近,不宜种植高大树种或设置高大景观构筑物,以免影响室内采光。

第四,注意空间的安全性设计。一方面,在景观中兼容非正式学习功能的设计应符合消防规范,如庭院景观要留意"有封闭内庭或天井的建筑物,当内庭或天井的短边长度大于24m时,宜设置进入内庭或天井的消防车道"①,如图6-10所示。鉴于大部分教学楼之间的庭院短边长度大于24m,因此当庭院符合上述情况时,一般应在庭院内设置消防车道。其他公共区域的景观也要满足相应消防要求。另一方面,要注重其他安全要素的设计,例如靠近教学楼墙体勒脚的2m范围内,宜设置绿化景观,不鼓励师生靠近,以防高空坠物。若是湖泊、河流附近的景观,则要有防溺水措施。一些学校的景观设计,要提防某些动物和植物的潜在危险因素。

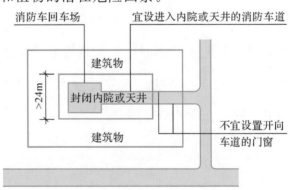

图 6-10　内庭空间的消防通道设计要求

来源:中国建筑标准设计研究院.《建筑设计防火规范》图示[M].北京:中国计划出版社,2015:170.

---

① 住房和城乡建设部.建筑设计防火规范(2018版)[M].北京:中国建筑工业出版社,2018:105.

（二）景观多种具体途径兼容非正式学习

学校的景观空间主要可分为两类。一类是教学楼前后或之间的庭院，是师生可便捷易达的公共场所。其中位于教学楼之间的庭院，由于学校设计规范的日照和声学因素，"普通教室冬至日满窗日照不应少于 2 小时""各类教室的外窗与相对的教学用房或室外运动场地边缘间的距离不应小于 25m"等要求[①]，因此往往较为宽敞，为引入非正式学习空间奠定了良好的场地基础。若教学楼与寝室楼、体育馆、食堂等建筑相邻而建，相关间距则不一定需要 25 米。另一类是除庭院之外其他开放区域的景观空间，它们一般离教学楼有一定距离，在常规课间休息时段较难到达，但却是师生午间休息段、活动课和其他自由时间段可到达的景观空间，相对庭院景观而言往往场地更大，地形更复杂，有些学校甚至有校内丘陵、湖泊等公共景观空间。

因此，景观空间兼容非正式学习空间的设计，在宏观层面应当因校制宜，结合地域文脉、办学历史、课程特色和经济可负担性等因素，在微观层面要结合景观空间的具体坐落，从使用主体即师生的需求出发，通过统筹规划合理设计特定景观空间的非正式学习功能。通常可分为如下八种类型，每一种类型的参考范例如表 6-2 所示。

---

① 住房和城乡建设部.中小学校设计规范[M].北京:中国建筑工业出版社,2011:8-9.

表 6-2 公共景观的非正式学习空间类型示意

景观融合的类型	典型案例示例
景观融合户外学习（树下席地研讨区、个别自学区、小组研讨区、石桌书法临摹台、户外阅读区等）	
景观融合交流功能（小型户外舞台、小组交流区、个人自我反思区等）	
景观作为闲暇空间（休息区、地面游戏、亲水平台等）	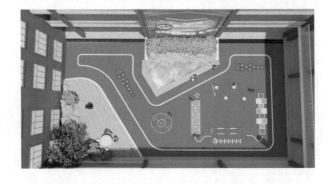

续表

景观融合的类型	典型案例示例
景观成为课程资源（中职学校建筑工程专业的凉亭结构实物模型、地面铺装做法）	
景观成为主题学习区（"探索脚下泥土"景观空间，通过设计展示土壤的剖切面，师生可进行地质年轮、植物萌发历程、土壤中的动物等多个主题的探究）	
景观体现学校文化（景墙中央体现学校核心办学理念，采用竹竿元素凸显学校的"笕"文化；景墙的背面则呈现学校的校标文化）	

续表

景观融合的类型	典型案例示例
景观融合地域文化 （利用道路、墙体、树池侧边空间，运用题记、浮雕等手法展示地域文化）	
景观体现国家文化与人类文明 （利用景观小品、文字标语、图案等形式加以呈现）	

来源：课题组设计。

第一，景观融合多种户外学习方式。结合师生户外学习需求提供多种类型的非正式学习方式，如可设个别自学区、小组研讨区、树下席地研讨区、石桌书法临摹台、户外阅读区等功能。

第二，景观融合交流功能。设计的重心是促进交流与思考，并考虑不同人数规模的交流需要，如可设个人自我反思区、小组交流区、小型展示舞台等，也可依据需要设置较大规模师生的集会交流区。

第三，景观作为闲暇空间。主要为师生提供放松身心与休憩的场所，空间风貌宜整洁美观，设计手法宜营造轻松、亲切、恬静的心理氛围，可设自由休息区、地面游戏区、棋类游戏区、亲水平台等功能。景观空间设计要重视游戏的作用,有研究表明户外景观若能为学生的游戏活动提供丰富的技术工具和互联网信息,就能有力促进学生创造力与想象力的培养。[①]

第四,景观成为课程资源。景观中的植被、水系、气象站或景观构筑物等,若与师生某类课程的学习具有高相关性,则通过创意设计可成为师生重要的课程资源,有利于增强学生建构式学习的直接经验。

第五,景观成为主题学习区。景观中的农作物种植、校园昆虫等元素,结合学科课程或校本特色课程开发,可成为非常具有特色性、情境性的主题式学习空间,如厦门翔安区 D 小学"探索脚下泥土"景观空间,通过设计展示土壤的剖切面,师生可进行土层年轮、植物萌发历程、土壤中动物等多个主题的研究性学习。

第六,景观体现学校文化。学校的理念文化、课程文化、校史文脉、优秀师生和杰出校友风采等元素,可通过景石、雕塑、文化墙、宣传栏、文化亭廊等方式,并按一定的分类主题进行有空间主题的模块化设计,进行本校文化的弘扬与传播。

第七,景观融合地域文化。通过分析挖掘学校所在地富有价值的文化元素和案例题材,结合象征物、浮雕、雕塑、碑记、历史长廊,或具有情境性的文化体验空间等形式,进行特定文化主题的表达与辐射,对师生产生熏陶作用。

第八,景观体现国家主流文化和人类文明。景观应在校园的显要位置设置国旗升旗场地,有适当位置体现国家主流文化如社会主义核心价值观,呈现如辉煌中国、中华文明变迁、人类文明变迁等主题,增强师生的责任感与使命感。

当然,学校的公共景观兼容非正式学习空间的设计,应结合实际需要采用其中的一种或多种手法,也可不同类型有机组合设计,尽量为师生的学习、

---

① Kangas,M. Creative and Playful Learning: Learning Through Game Co-creation and Games in a Playful Learning Environment[J]. Thinking Skills and Creativity,2010(5):1-15.

社交、游戏、休憩、展示和文化习得提供高品质的景观空间。厦门翔安区 Z 小学校门口广场附近的"启翼舞台"非正式学习空间,如图 6-11 所示,体现了景观融合非正式学习空间的四种类型。

图 6-11　厦门翔安区 Z 小学启翼舞台

来源:课题组设计。

一是具有师生风采展示功能的小型户外舞台,师生可以在此进行演讲、艺术表演等活动。二是泛在学习空间,嵌入围墙的卡座,可为学生提供临时等候、户外阅读等学习活动。三是体现学校文化,舞台两侧墙面分别题刻"丰羽振翅""启翼南飞"八字,并结合舞台背景的栅格化处理与群鸟南飞画面,生动地表达了 Z 小学办学的理念文化。四是体现地域文化,整个非正式学习空间采用闽南传统建筑风格,将闽南飞檐、砖构窗、瓦屋顶和装饰纹样融合其中,体现了浓郁的地方气息。

在一些项目中,学校也要积极争取利用红线外的景观空间,或许能为师生提供重要的非正式学习空间,如市政公园、滨河绿化带等。杭州余杭区 T 学校在学校新建中,充分利用校园西侧的滨河绿化带,如图 6-12 所示,一是设置了皮划艇码头空间,为师生的户外运动增添了新空间,成了学校重要的特色化课程资源;二是设置了挑高观景平台,为师生课间闲暇和休憩提供了优越的环境,也成了师生重要的交流空间。

图 6-12 杭州余杭区 T 学校滨河非正式学习空间

来源:课题组顾问设计。

二、后勤空间拓展非正式学习

学校的后勤空间主要是食堂,对寄宿制学校而言还包括寝室。引入"X＋非正式学习"的拓展设计理念,能为师生的非正式学习提供更多选择余地,并有利于提高有限校舍空间的综合价值。

(一)功能分时与多态复合而拓展设计

学校后勤空间若仅作为后勤功能存在一定弊端。就食堂而言,当前我国各级学校学生在校午餐日益普遍的背景下,一般需要以生均建筑面积 2.1～2.3m² 为标准,规划含后厨空间在内的食堂建筑,即便按一半学生错时就餐为标准核定食堂面积,其总建筑面积也仍然不小,约会占校园地上建筑面积的十分之一。师生就餐区的餐厅约为食堂总面积的三分之二,在大部分学校中,餐厅每天有效利用时间仅为 1～2 小时,大部分时间未能有效发挥空间的价值。就寝室而言,往往仅具有住洗功能,缺乏同伴交流空间,缺乏家一样的温馨,特别是对乡村寄宿制学校而言,寝室空间单调的功能,成为多彩校园生活的羁绊。因此,适当突破现代主义建筑大师路易斯·沙里文的"形式追随功能"的经典名言,即突破"食堂就是食堂""寝室就是寝室"的固有认知,回归到以师生的行为需求为基点,重新思考后勤空间可拓展的非正式学习功能,应成为学校空间创新的一个重要方向。

不同后勤空间,功能与使用方式相差较大,因此后勤空间拓展非正式学习功能,应对不同空间有针对性地引入不同的创新设计理念,以最大程度挖掘相应空间的拓展潜力,提升空间的价值。

第一,功能分时复合,餐厅空间应有错时使用的设计观。餐厅面积较大,师生的就餐使用时间相对集中,引入功能分时复合设计即"餐厅＋非正式学习空间"的理念,按时间进行功能调节,可实现餐厅在不同时段具有不同功能,形成弹性化的多义空间。餐厅可行的非正式学习包括泛在阅读空间、小型研讨空间,大型集会交流空间、才艺展示空间等,可较大幅度提升餐厅非就餐时段的教育价值。

第二,功能多态复合,寝室空间应有"生活空间链"的设计观。一般寄宿制学校的寝室空间,仅具有住洗功能,但对在校时间较长的寄宿生而言,特别是乡村寄宿制义务教育学校的学生,如何在非教学时段,能在教学楼之外有一个自主且相对多功能的寝室空间以丰富课后生活显得十分必要,包括线上亲情沟通空间、生活自理培养空间、兴趣素养空间等。因此,寝室空间引入基于寄宿生多元需求的"生活空间链"设计,有利于打造更为温馨、更具归属感和更富有亲情的后勤空间。

(二)分类后勤空间的具体拓展途径

后勤空间非正式学习功能的分类拓展设计,结合不同的使用目的需要,可分为教师餐厅、学生餐厅和寝室空间。

第一,教师餐厅成为跨部交流和教研活动的"第三空间"[①]。学校教师平时忙于学科教学与日常管理,同校不同学科的教师可随意自由交流的时段并不多,而在餐厅相聚跨界交流则是可贵的时机。同时,在非就餐时段,餐厅较大的场地和灵活可重组的座椅设施,也为教研活动开展提供了良好的条件。因此,教师餐厅有条件也应当成为教师在校生活除了教室、办公室之外的"第三空间",成为教师专业发展和幸福感提升的重要场所。教师餐厅成为第三空间,既要考虑常规餐食,也要考虑展示、交流与饮品等需求,合理设计共享与私密空间,为教师不同类别交流需求提供保障。例如,杭州上城区 C 小学教师餐厅改造设计重视"第三空间"引入,有限场地中通过引入多媒体显示屏、展示板、书架、咖啡吧、灵活可组合座椅等功能布局与舒适设计,成为深受教师喜爱的交流与研讨空间(见图 6-13)。

---

① 有关"第三空间"更多的内容参见本书第四章。

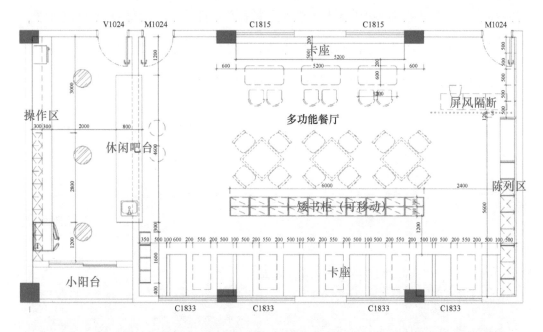

图 6-13　杭州上城区 C 小学教工多功能餐厅

来源：课题组设计。

　　第二，学生餐厅成为重要的泛在学习空间。学生餐厅具有功能分时复合的重要优势，它一般空间面积较大，可容纳人数多，座椅等基本设施比较完善。创新餐厅空间设计，即超越传统的行列组合式，结合实际场地有目的地多设个人单桌、4—6 人桌、长条桌、卡座等布局，使其成为学生重要的阅读、交流和作业等的泛在学习空间。在具体设计中，鉴于学生餐厅一般面积较大、进深较大等因素，在照明补充、声学优化等方面要给予有力的强化。例如，杭州拱墅区 A 小学在食堂中引入了"阅读餐厅"的理念,包括餐饮文化展示区、交流吧台、卡座、阶梯式阅读等多个功能,并成为学校图书馆之外学生可日常开展阅读和午间就餐服务的多义后勤空间,如图 6-14 所示。

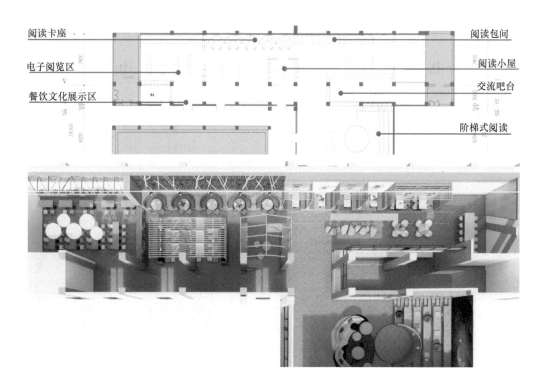

图 6-14　杭州拱墅区 A 小学学生阅读餐厅

来源:课题组设计。

第三,寝室空间具有多态生活功能。宿舍是学生的主要生活空间,宜适当配建非正式学习功能,设计应体现学生"生活空间链"的多元需求导向,服务校园多彩寄宿生活。可设公共盥洗室培养学生生活自理能力,设在线亲情交流吧增加亲属互动,设公共活动室提供阅读、影视、棋类、社交等素养发展服务,设乡土活动空间增加地域文化或乡土非物质文化的认知等。相关空间选址可位于寝室一层或分层散布,并要注意挖掘门厅、过道及宿舍周边庭院的潜力,增加可作为非正式学习的场地。例如,马云乡村寄宿制学校计划公益项目中,重视寄宿生寝室空间的品质提升,尤其是在寝室空间、生活自理空间、亲情交流吧、阅读空间、影视空间等方面,在全国近百所学校开展了"小空间、大功能"的创新探索,如亲情空间的交流空间相对独立分割,设多台多媒体计算机,满足微信、钉钉等软件的视频交流需要,并兼具电子阅读功能;而阅读空间以集体阅读、个别化阅读、席地阅读等为主要功能,营造人本、温馨、浓郁的阅读氛围,如图 6-15 所示。此类多态生活空间,能丰富寄宿学生的精彩校园生活。

图 6-15　马云乡村寄宿制学校公益项目寝室公共活动空间

来源:课题组设计。

第三节　正式学习空间的兼容拓展策略

学校教育的日益正规化与高效化,使得诸如普通教室、专用教室等大部分教室都是按正式学习空间进行规划设计的,也往往按正式学习空间来管理与使用。事实上,在非正式课堂时间,正式学习空间及其周边也具有成为非正式学习空间的条件。优化空间设计,合理布局相应教学资源与设施,也能让正式学习空间"兼职",承担重要的非正式学习功能,为师生的互动交流与自主学习,尤其是碎片化学习、偶发式学习提供易到达、数量多、正式与非正式切换便捷的场所空间,并有利于提高正式学习空间的功能价值。

学校的教室,包括普通教室和专业教室,后者则包括物理、化学、生物、信息技术、音乐、美术、舞蹈、书法、劳动技术、创新实验室等多种类型,其中在小学阶段物理、化学和生物教室统称为科学教室。各类教室经适当设计,具有兼容一定非正式学习的功能。

一、普通教室的多功能复合

普通教室是学生们成长的重要空间,也是师生教学活动的核心场所之一,在基础教育阶段尤为如此。千百年来,教室经历了沧海桑田般的蜕变,但教室空间对知识传承及人的发展所具有的独特作用与价值依然重要。[①] 当代教室通常在一个相对规整的空间中,约四五十个学生以"插秧排座"的方式,有序开展正式学习。它是学校中数量最多,师生最高频使用的学习空间。普通教室在面积指标、平面规划、功能布局等方面展开不同目的导向的多功能创新设计,可以在非课堂教学时段具有重要的非正式学习功能。

第一,拓展普通教室的非正式学习功能。一是建筑设计宜适当增加使用面积,为开展非正式学习预留条件。当代学生在教室里的学习方式已不仅仅是传统的灌输式教学,个别化辅导、小组学习、大组学习、班级阅读角、基于教育资源的学习等多种新型学习方式的引入,客观上要求有更为充裕的普通教室空间,便于学生开展多元丰富的自主、合作与探究学习。因此,扩大普通教

---

① 王枬.学校教育时间和空间的价值研究[M].桂林:广西师范大学出版社,2020:160.

室的建筑面积是真实需求所在，一般小学宜 80m² 、初高中宜 85m² 以上为佳。[①] 如规划在教室角落的班级阅读角，设开架阅览区和阅读交流园地，可成为班内师生重要的"众藏、共阅、分享"为理念的非正式阅读空间。阅读角若适当抬高，还可兼具课本剧表演或演讲的功能。二是教室平面布局宜灵活可变，在非教学时段可具有非正式学习的功能。除满足班级授课制即插秧式的平面布局外，课桌椅宜可灵活组合，允许师生根据需要灵活组织座椅排布方式，如插秧式、圆形、马蹄形、辩论式或小组合作式，如图 6-16 所示。三是增加

图 6-16　普通教室非正式学习的阅读角与可组合桌椅

来源：课题组设计。

---

① 我国《中小学校设计规范》规定，小学和中学普通教室的使用面积分别为每生 1.36m² 和 1.39m²。按每班通常小学 45 人和中学 50 人测算，则普通教室使用面积分别为 61.2m² 和 69.5m²。按上述面积标准，扣除教室前部视距保留区和后方疏散通道区，剩余空间可基本满足常规"班级授课制"教学模式的使用需要。若采用"分组合作学习"教学模式，则使用起来十分紧张。考虑中小学未来课堂教改和功能拓展使用需要，浙江、深圳等部分地区已较大幅度地扩大了普通教室的建筑面积，如浙江省标准为小学 80m² 和中学 85m²。各地在审批新建学校时，应将《中小学校设计规范》或所在地的学校建设标准所给定的普通教室使用面积指标，视为教室达标设计的"基线"而不是"上限"，有条件的学校宜适当放宽普通教室的使用面积。

面向非正式学习的资源供给，为学生的多元学习提供丰富可能，包括教室连接互联网或增设学生用电脑，便于学生开展线上线下相结合的混合学习；增加学习资源柜，有针对性地提供书籍、工具、实物学习素材等有价值的学习资源。

近年来，部分学校采用创新设计理念进一步拓展普通教室的非正式学习功能。如采用"两大一小"的普通教室布局，即在两个普通教室中间增设一个 $30\sim40 m^2$ 的小型空间，作为师生非正式学习如小组讨论、小班辅导的场所，如苏州北外附属苏州湾学校。也有学校采用非矩形普通教室的布局，形成了复杂边界的形式，有研究发现复杂边界教室相比于原有矩形教室，更有利于促进多样化教学行为的开展，有利于教师的可视性与移动性[1]，使教室更具有灵活性、集成性和可变性[2]。深圳红岭小学的翁形教室在这方面开展了实践探索，如图6-17所示，在教室中段外凸而扩展出非正式学习空间，可布置辅导角、自主阅读区等功能，同时丰富了建筑的外立面。两个教室之间采用了活动折叠隔断，隔断打开后，则可形成一个大型学习空间，具有表演、交流、游戏等多种非正式学习功能。

第二，加强普通教室周边墙面文化的非正式学习功能。教室墙面所体现出的精神文化，对于教师、学生的自我发展具有潜移默化的作用。[3]普通教室的背部墙面和靠近走廊的墙面，是师生学习成果展示与交流的重要空间。然而，传统普通教室的设计在此存在两个问题：一是背部墙面常以黑板报形式设计，存在信息更新缓慢，主要依赖少数文图功底不错的学生负责出黑板报、绝大部分学生难有参与机会的问题；二是走廊墙面往往没有文化展示墙，限

① Dyck,J. A. The Case for the L-shaped Classroom：Does the Shape of a Classroom Affect the Quality of the Learning That Goes Inside it？[J].Principal,1994,74(2)：41-45.

② Lippman,P. C. The L-shaped Classroom：A Pattern for Promoting Learning[R]. Minneapolis,MN：Design Share,2004.

③ 王枬.学校教育时间和空间的价值研究[M].桂林：广西师范大学出版社,2020：235.

制了跨班学生的学习成果交流机会。当代新型普通教室的设计,注重创新教室的墙面文化,用软木板、泡沫板、吸音板或彩色壁毯作为墙面文化展示的基材,促进了"人—境对话"。即在教室周边形成了一个信息发布、汇集和分享的平台,允许教育主体间相互对话和沟通的场所,文化墙作为落实对话式教育理念的重要辅助硬件,凭借人人都能参与、时时都可更新、处处都能利用的独特优势,可有效发挥即时信息共享平台的作用,帮助学生最大程度地与他人分享想法、观点、知识和信息,并在信息的交换中实现经验的积累和能力的提升,从而促进每一个学生的个性化发展。①

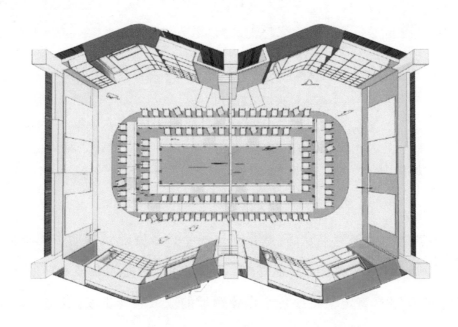

图 6-17 深圳红岭小学普通教室鸟瞰图

来源:深圳福田教育局官网。

从墙面文化的设计用材而言,尤以彩色壁毯作为文化墙展示载体最具价值(见图 6-18)。它具有可展示信息量大、信息呈现方式多样、信息可存储性

---

① 邵兴江,卢洋超.革掉传统黑板的"命"[J].人大复印资料《中小学学校管理》,2012(8):50-51.

强、信息更新速度快、学生参与面广、师生互动性强、可降噪吸音、壁毯色彩丰富、墙面造型丰富等特点,因此在信息高效呈现和促进学习主体间的双向互动上深受师生的喜爱。

图 6-18　普通教室基于壁毯的非正式交流展示墙

来源:课题组自摄。

二、专用教室的可变灵活复合

学校的专用教室类型众多,数量在每所学校教室总量中的占比不低,特别是中等职业学校中各类专业教室、实训教室的数量尤为众多。它是从各个特定的教育主题、特定学科或各个专业领域的职教素养出发,定制化创设适合其场景需求,满足其教育需要,强化其专门能力的专用学习空间。[①] 专业教室对广大学生的素养教育具有重要作用,但在实际使用中存在一定矛盾,一方面不少专用教室的使用频率不高,另一方面学生开展社团活动、项目化学习等非正式学习活动面临空间缺少的问题,成为不少学校面临的较为突出的供需矛盾。

---

① 李葆萍,杨博.未来学校学习空间[M].北京:电子工业出版社,2022:151.

在不增加学校学习空间建筑总面积的前提下,多种途径内挖潜力提升专用教室空间的复合利用,为师生的非正式学习提供场地,成了学校重要的开发建设课题。结合不同专业教室的空间功能、使用时段和配套设备等因素,可采用三种不同的复合使用策略,拓展专用教室的非正式学习功能。

第一,功能分时复合策略。学校的科学教室或理化生实验室、音乐教室、舞蹈教室等空间,课程的专业教学时间与学习者的非正式学习时间如社团活动课存在时间上错位、学习场地与设备需求相近的事实。因此,引入功能分时复合策略,并在设计时适当考虑多种不同使用模式的需要,如增加学习资源柜、成果展示区等,从而让同一空间错时承担不同的学习功能具备可能性。

第二,功能界面复合策略。一方面,学校的美术、书法等专用教室,往往采用常规专用教室空间的设计手法,在非教学时间很难向师生开放。另一方面,美术、书法类学习成果又具有展示亲和力强、展示场地要求相对较高的特点。在此类的空间设计中,创新引入空间界面复合的设计策略①,即通过取消教室与走廊之间的实体隔墙,取而代之活动隔断的开放化设计,并引入开放艺廊的建设理念,可以使专用教室在正式学习与非正式学习功能之间灵活切换,已成为艺术类专用教室创新设计的新方向之一。

第三,功能通用复合策略。学校的劳动技术教室、信息技术教室、创新实验室等专用教室,具有可拓展延伸的学习主题广、设施设备多、同一装备可承担多种使用功能等特点,也是广大学生感兴趣比例较高、校本特色课程或个性化课程最易相关的专业教室。因此,此类学习空间的设计,结合不同专用教室的自身特点和学生的广泛需求,宜在平面布局、装备配置、家具配备、装饰风格等方面强化通用性设计,从而提高同一空间的多目的使用性,特别是

---

① "界面"是建筑学术语,是指不同空间质地的分界线,如屋顶、墙体、门窗、柱廊等,及其构成的结构体系、质地和肌理等要素。

为学生的社团课及探究性学习提供了重要的支撑(见表 6-3)。

表 6-3　专用教室通过不同复合设计策略具有非正式学习功能

功能复合的策略	典型案例示例
功能分时复合 (如小学科学教室多设资源柜和工具柜,可兼容作为学生多种社团活动的探究空间)	
功能界面复合 (美术书法类教室用活动隔断取代部分实体墙,可实现专用教室与开放艺廊功能的灵活切换)	
功能通用复合 (在平面布局、装备配置、家具配备、装饰风格等方面强化通用性设计,实现一室多用)	

来源:课题组设计。

第四节　非正式学习空间的增效提质策略

学校中有部分空间天然具有非正式学习空间的属性,它们是校园中面向广大师生普遍开放,支持形式灵活多样的非正式学习,具有一定共建共享特征的物理空间,包括厅堂交通空间如门厅、架空层、露台、走廊、楼梯角、开放凹空间等,阅读空间如图书馆、泛在阅读空间、合作型阅读空间[①]等。

不论是教育界还是设计界,都日益认识到非正式学习功能的重要性,认为"学校是师生集聚的地方,除了习得知识,还有与他人交流、分享、合作等需求,非正式学习空间的引入更有利于学生的发展,它们与设置'教室'同等重要。"[②]可以说,校园空间设计提升非正式学习的品质,业已成为普遍共识。在学校中非正式学习空间,或多或少已有一定存在,但受制于理念陈旧、造价控制、潜能挖掘不足等因素,往往面临功能不强、面积不多、品质不高、缺乏吸引力等问题,亟须通过多方面的增效提质策略,提升空间的价值。

一、提升厅堂交通空间的非正式学习功能

厅堂交通空间是学校的主要共享空间和人流主通道,也是师生在课堂教学时间外最喜欢停留驻足的空间。可进一步细分为两类:一类是以文化展示、共享活动为主,交通服务为辅的厅堂空间,包括门厅、架空层等空间;一类

---

① 合作型阅读空间是中小学的新型阅读空间,它体现合作共赢导向,充分发挥如社区图书馆、新书书店等社会第三方机构的公益服务属性,有机协调社会效益和经济效益,为师生提供阅读、展示、交流、休憩、文化用品选购等服务的场所,典型形式如校园书店、社校共建图书馆。

② 李东昂.中学校园公共空间营造策略研究[D].深圳:深圳大学,2017:9.

是以人流通行功能为主,在周边拓展空间价值兼顾展示、交流与分享的交通空间,如走廊、楼梯间等。

(一)厅堂非正式学习空间的多义建设

厅堂空间是学校的重要形象面。首先,在厅堂空间中,首要空间是学校主门厅,一般位于学校主入口广场附近或轴线上,通常面积较大,部分学校为空间跃层设计。有些学校的主门厅甚至直接与校门口空间合二为一,形成宛如大型酒店大堂的空间格局。教学楼、实验楼、图书馆、寝室楼等校舍在主要入口处往往也设有中小规模的过厅。其次是学校架空层,一般选址位于教学楼的首层,是为师生提供风雨无阻型交往与运动功能的重要灰空间[①]。在个别创新设计的学校中,出现了在二层及以上楼层空间设置架空层的做法,从而能为较高楼层的师生提供多目的便捷活动场地。总体来看,厅堂空间的选址往往位于校园核心位置,是连接建筑室内外的重要空间节点,也是建筑中最生动最活跃的空间之一,是建筑空间性格的集中体现。[②] 良好的人流通达性与空间可视性,使得厅堂空间普遍成为学校重视打造的形象空间。

厅堂空间可以承载多种非正式学习功能,是学校全场景育人的重要组成部分,具有十分丰富的意义。学校的厅堂空间,既是建筑物理空间,也是学习与交流空间,体现学校特定的文化偏好与价值导向,在功能上可分为多种类型,包括:一是展示理念文化的窗口,如可成为社会主义核心价值观、学校校训、育人目标、办学历史、校标等标语口号与文化符号的重要展示场所。二是重要人物的宣传展示空间,通过名人长廊、杰出校友代表、师生风采墙或人物

---

① "灰空间"是建筑学术语,是指建筑与外部环境之间的过渡空间,起到有机衔接室内外空间的融合作用,并可依需求设置相关功能。

② 王锦鹏.公共建筑门厅空间的新发展[D].大连:大连理工大学,2001:5.

视频展播等形式，宣传优秀榜样人物，促进校园形成积极向上的精神风貌。三是特色成果的展览空间，通过平面、立体或视频展示，或者临时主题布展等形式，展现特定教育主题或一定时期学校的办学成果。四是学习交流空间，为师生提供个别化、小组或更大规模人员的学习与交流服务，有时也可以成为师生临时课程实施的场地。五是闲暇游戏空间，结合相应学段学生的需求，设置地面游戏、棋盘游戏、闲暇休憩等功能，为师生紧张的学习生活提供放松情绪的空间。六是小型运动空间，主要提供半户外型的运动功能，特别是在雨雪天气或在过于炎热、寒冷的时节，允许师生开展运动的厅堂空间显得尤为有价值。

厅堂空间的非正式学习功能设计，突出统筹有序布局、柔化空间界面、强化空间功能等手法，主要有三种设计策略。每一个空间的具体设计，有必要一并统筹考虑三种设计策略（见表 6-4），并有主次地组合采用，旨在不仅从整个学校的空间规划中考虑单个空间的功能定位，也要考虑不同厅堂空间的具体设计和在不同时段的灵活使用需要，从而在整体性、功能性与灵活性三个特性上实现有机统一。

表 6-4　厅堂空间富含非正式学习功能的主要策略与示例

富含非正式学习的策略	典型案例示例
功能统筹合理布局策略（一方面，从学校整体学习空间规划中合理定位具体厅堂空间；另一方面，某个具体空间宜有整体性的功能布局）	

续表

富含非正式学习的策略	典型案例示例
功能多义灵活可组策略（空间可提供阅读、游戏、交流等多种功能，同时灵活可重组，鼓励空间重构与生成）	
特定需求专门表达策略（一类是稳定呈现国家价值观、学校理念文化等，如右图的学校核心理念文化）	
特定需求专门表达策略（另一类是稳定呈现学科或其他特色的非正式学习资源，如右图天花的木作结构造型）	

来源：课题组设计。

第一，功能的统筹合理布局策略。不同厅堂空间坐落在校园的不同方位，应在统筹观下开展有组织的设计。一方面，应有学校整体统筹观，即从学校整体学习空间的规划出发，合理定位每个具体厅堂的功能，便于学校建设整体有序的学习空间，如学校主大厅的功能宜以体现学校的核心理念与文化标识为上策。另一方面，具体某个厅堂的设计应有该区域的整体布局方案，以便形成功能合理的"学习客厅"。一般情况下厅堂四周的墙面较多,场地面积不小,可能承载的非正式学习功能的选择余地往往较大。因此,宜结合上位的学校整体规划与附近师生的真实需求,合理安排不同类型的非正式学习功能,真正做到功能定位的有的放矢。

第二,功能的多义灵活可组策略。一方面,厅堂空间的非正式学习功能,宜是柔化空间界面的多义多功能设计,旨在满足周边师生多层次、多类型的使用需要。另一方面,要体现功能一定的灵活可变性与可重组性,学校师生的学习主题、学习成果及时政热点等常常动态变化,厅堂空间周边的文化墙、学习桌椅等宜更方便变化,如采用易更新的壁毯墙、多媒体显示屏,采用可移动桌椅等的设计,便于厅堂功能的二次组织。换言之,除了由建筑形成的固定空间外,由装饰、景观和师生活动因素形成的半固定空间或不定空间,除了部分必须是固定空间外,宜多为半固定空间或不定空间,以便可灵活实现"空间转向""空间重构"和"空间生成",利于更多基于师生参与的灵活创造,成为"一片人为的空间,也是一种为人的空间"。[①] 值得注意的是,厅堂空间的功能布局不宜设备与家具过多,功能布局宜体现相对的空旷性,一方面可以更好兼顾交通通行功能,另一方面也便于较多师生的灵活共享使用。

第三,特定需求的专门表达策略。尽管大部分厅堂的非正式学习功能鼓励灵活可变,但部分厅堂的功能则指向特定需求的专门表达,运用强化空间功能的手法,如在固定位置呈现校训,在特定位置设置宣传橱窗等。主要有两种类型,一是在厅堂空间中比较重要的核心位置,稳定呈现国家价值观和学校理念文化,具有一经确定功能一般不作调整的特点;二是厅堂空间中某些位置呈现与学科相关的课程资源或某些特殊性非正式学习资源,此类资源

[①]　苏尚锋.学校空间论[M].北京:教育科学出版社,2012:206,249.

往往具有价值重要、搬动调整较难等特点。对于特定需求十分明确的厅堂空间,宜专门设计并精心施工,成为学校非正式学习与多彩校园文化的重要空间节点。

(二)交通空间的非正式学习功能营造

长期以来,大部分学校校舍的交通空间主要围绕"交通功能"进行设计,对交通空间还可具有的非正式学习功能基本处于不关注或忽视的状态。以教学楼走廊为例,2000 年之前我国建成的走廊宽度普遍在 120～150cm 之间。由于走廊狭窄,很难用作师生的非正式学习空间。由此,提升交通空间的非正式学习功能,既需要创新建筑设计理念,实施增大空间尺度、强化空间节点等手法,旨在为引入非正式学习空间预留场地条件,也要提升室内装饰设计的理念,尽可能提升空间的非正式学习功能。需要说明的是,本节讨论不包括景观中的交通空间。①

1.建筑创新设计为引入非正式学习创造空间条件

校舍交通空间及其周边有必要增加非正式学习的功能。交通空间附近人流集中,师生到达方便,创新交通空间及其周边的公共空间设计,在确保必要交通通行功能的基础上,增大空间尺度,能为师生同班或跨班的交流、展示、游戏与互动,为个别化辅导、小组交流学习、校园文化展示等提供极大的便利,具有重要的非正式学习价值。

交通空间增加非正式学习功能,要重视设计观念的突破。一方面,在校园建筑的宏观规划层面,应在建筑经济技术指标的测算时,将 K 值即平面利用系数由 0.7 向 0.6 方向下浮,为后续交通空间设计引入丰富的非正式学习

---

① 关于景观中交通空间、绿化空间等的非正式学习功能建设,请详见本章第二节。

功能创造前置条件。另一方面，也要创新设计理念，强调空间规划教育思想先行，重视基于师生的真实需求和不同非正式学习的真实功能需要而开展合理设计。具体而言，校舍交通空间引入创新设计，为未来装饰落实非正式学习功能预留场地条件，体现空间增大尺度和拓展功能的手法，主要有三种可行的设计策略，如表6-5所示。

表 6-5　校舍交通空间引入非正式学习功能的创新设计策略

创新设计策略	功能设计示意
平面的局部拓展策略	
平面的整体拓展策略	
竖向立体的跨层拓展策略	

来源：课题组设计。

第一，平面的局部拓展策略。在大部分走廊空间常规设计的基础上，通过在走廊靠近户外的一侧增加1—2处外凸的开放活动区，或通过在普通教室的其中一侧增加中小型空间如辅导室等途径,由此增加多个班级可同层共享的非正式学习空间。

第二,平面的整体拓展策略。走廊空间采用中走廊的设计手法,在普通教室附近通过增加较大体量的建筑面积设计,一般是建筑柱网增加一跨,在新增的空间中提供个别化学习、项目化学习、混合学习空间、泛在阅读空间、教师办公室等多种或其中数种非正式学习空间。

第三,竖向立体的跨层拓展策略。在公共走廊空间部分通过局部跃一层或跃多层,或通过设置跨层大小台阶等方式,增加师生的跨层视线交流和非正式学习空间共享。在局部公共区域还可设多种类型的非正式学习空间,较大幅度提升所在空间的灵动性与活力性。

值得注意的是,在学校建筑设计中以交通通行为主的走廊空间,走廊的宽度不应小于 1.80m,并应"按 0.60m 的整数倍增加疏散通道宽度"[1],以符合消防规范。换言之,不管引入何种类型的非正式学习功能,均不得阻碍相关消防规范的满足。

2.室内装饰设计分类提升空间的非正式学习功能

校舍交通空间及其周边体现非正式学习功能,要重视空间装饰的提质设计。结合具体空间的场地条件、空间方位与面积、师生真实需求等因素,结合前期建筑方案设计,合理确定可行的非正式学习功能,着力提高室内装饰、教育装备、家具软装等的建设品质,以强化空间节点和柔化空间界面为设计手法,努力提高空间的功能性、舒适性与人性化设计。具体而言,可依据非正式学习功能类别的不同,开展不同策略的装饰设计(见表6-6)。

---

① 住房和城乡建设部.中小学校设计规范[M].北京:中国建筑工业出版社,2011:36.

表 6-6　校舍交通空间室内装饰实现非正式学习的分类提升策略

创新设计策略	典型案例示例
平面布展设计策略（通过宣传栏、艺术廊、显示器等形式，便于师生学习成果的交流展示）	
立体布展设计策略（通过立体橱柜、橱窗等形式，便于三维立体化的交流）	
水平开放设计策略（通过固定或可组合课桌椅设置，为师生个别化、小组或研究性学习，提供泛在交流与学习空间）	

续表

创新设计策略	典型案例示例
围合式设计策略（通过半围合或近全围合的空间设计,提供聚合式的研讨与交流空间）	
多功能组合设计策略（较为开敞的交通空间,提供个别化、小组、席地、演讲、布展等多种类型的非正式学习空间）	
竖向开放设计策略（通过竖向跃层台阶、跨层对话等,便于跨空间交流）	

来源:课题组设计。

第一,平面布展设计策略。在校舍中,交通空间周边往往空白墙面较多,适合成为平面作品或宣传物的张贴展示空间。特别是当交通空间的宽度本身并不宽裕时,设置立体展示区或设置交流座椅空间,则会对交通通行带来压力,甚至不能满足消防规范。平面展示设计,可采用宣传栏、艺术廊、显示器展播等形式,展示内容可结合时政主题、书法作品、美术作品或相关宣传视频等。宜结合学校特色或课程教学需要,实施区域主题化设计。

第二,立体布展设计策略。部分交通空间场地较为宽敞,结合师生科创作品、劳技作品或教学装备展示等需要,可采用立体展柜、全景橱窗等形式,为师生提供三维立体,展品可全角度观看甚至可触摸、可互动的学习机会。具有展示成果逼真或全真、信息覆盖丰富、感官感受多通道等特点。宜结合学校特色或课程教学需要,实施区域主题化设计。

第三,水平开放设计策略。引入空间开放灵活的设计理念,通过不同类型的可组合桌椅或固定座椅,为师生的个别化学习、小组研讨或主题研究性学习,提供可随时随地进行非正式学习与交流的场地空间。一般具有场地大小灵活,师生到达便捷等特征。

第四,围合式设计策略。在交通空间周边较为宽裕的场地中,面向师生具有一定私密性或免干扰性的学习与交流需要,通过围合式、半围合式等设计手法,提供封闭式、半封闭式的非正式学习空间。此类空间对师生个别化辅导、研讨式学习、项目化学习具有重要的价值。

第五,多功能组合设计策略。在交通空间周边较为宽裕的场地中,面向师生丰富多元的非正式学习需求,引入开放化、多功能组合化设计的理念,提供个别化、小组、席地、演讲、平面布展、立体布展等多种可能的功能。每片场地的功能宜结合具体场地条件和周边师生需求而有目的地组合化设计。

第六,竖向开放设计策略。对建筑设计已实施竖向立体跨层拓展策略的空间,通过引入楼梯、大小台阶等设计手法,为师生提供跨层的非正式学习与交流,有利于扩大师生的交互面,并提升空间的生机。

二、增进阅读空间的丰富阅读服务

阅读是学生获取知识、发展兴趣、增长智慧、提高素质和传承文明的重要方式,主要包括纸质阅读和电子阅读两种类型。学校阅读空间是学校教书育人的必要条件,是办学现代化的重要支撑,也是学校文化建设的重要载体,包括图书馆、班级阅读角、校园泛在阅读空间等。

图书馆的藏阅功能不是广大师生阅读需求的全部,亟待创新建设理念并进一步拓展阅读类非正式学习。以图书馆为代表的空间,是学校中为数不多的具有典型非正式学习特征的学习空间,但其非正式学习功能日趋僵化。长期以来,学校图书馆作为主要教学用房,通常设有书库、学生阅览室、教师阅览室及辅助用房。① 进入新世纪以来,学校图书馆设计更注重按国家规范设计,新增了视听阅览室、编目整修等管理室以及附设会议室和交流空间等。② 尽管如此,图书馆的非正式学习功能仍偏单一,普通阅读、视听阅读等功能成了学校图书馆的主要功能,亟须革新发展。在主要发达国家,越来越多的学校图书馆已向"知识传播媒体中心""信息媒体中心""多元学习中心"转型,我国学校的图书馆也需要被赋予新的使命,从"重藏"向"重用"转变,成为日趋开放、灵活的多元学习中心。③ 与此同时,学校师生的阅读也不仅仅局限在图书馆阅读,应向整个校园拓展,逐渐向"时时处处可阅读""学校在图书馆中"的方向发展。因此,需强化空间功能、柔化空间界面,从图书馆空间和图书馆外阅读空间,两个方面统筹推进学校的阅读服务。

---

① 张宗尧.中小学建筑设计[M].北京:中国建筑工业出版社,2000:81.
② 住房和城乡建设部.中小学校设计规范[M].北京:中国建筑工业出版社,2010:24.
③ 邵兴江.从重藏到重用:引领未来的中小学图书馆革新设计[J].上海教育,2013(19):66-67.

（一）推动图书馆从藏阅空间到多元学习中心转变

学校图书馆的功能已出现明显的变化。2018 年,国家《中小学图书馆（室）规程》明确指出图书馆是"文献信息中心",是学校教育教学和教育科学研究的重要场所,是学校文化建设和课程资源建设的重要载体,是促进学生全面发展和推动教师专业成长的重要平台。[①] 2022 年,海南省发布的《中小学阅读空间建设与管理指南》,已用"阅读空间"这一更大概念取代"图书馆",并指出学校阅读空间是以面向师生提供文献信息借阅服务为主,具有阅览、借还、教学、研讨、自学、文创、展陈、休憩及读者其他文化活动和增值服务等功能的公共空间场所。[②③] 显然,学校图书馆的功能已呈现从"藏阅空间"向藏、借、阅、研、休等相结合的"综合性学习空间"转型,其中显著的特征是非正式学习功能得到明显加强。具体而言,学校图书馆非正式学习功能的升级拓展,需在功能规划和装饰品质两方面齐头并进。

第一,图书馆积极引入新型的非正式学习空间。对于已建成的图书馆,很多图书馆仅有藏书、阅览、借阅等空间,已不能很好适应时代需求。应通过改造体现"综合性学习空间"的定位,从传统"藏阅空间"向藏借、自学、研讨、交流、教学、展陈、文创等多元学习中心转型。如可通过传统空间的功能转换,门厅、走廊等公共空间的功能新设,有条件馆舍可开发利用露台、庭院等方式新增功能。对于新建或扩建类的图书馆,则应努力多设新型非正式阅读空间,合理分割动静态学习区,引入诸如席地阅读区、自修室、创客空间、小组

---

①　教育部.中小学图书馆（室）规程:教育部教基〔2018〕5 号[S].2018-05-28:2.

②　2019 年以来,课题组主持负责了《广州市中小学阅读空间建设指南》《海南省中小学阅读空间建设与管理指南》《广东省中小学阅读空间建设与管理指南》空间编制部分等课题的专项研究工作,其中非正式学习成了阅读空间创新建设的重要理念。

③　海南省教育厅.海南省中小学阅读空间建设与管理指南:琼教备〔2022〕1 号[S].2022-01-20:8.

研讨室、名师工作室、微课录播室、休憩吧、混合学习区、可视化学习区等。不论是已建还是新建的图书馆,都要特别重视两种类型的非正式阅读空间建设,一是要加强研讨型阅读空间,积极提高师生研讨空间的占比,为不同规模的互动研讨提供条件;二是要加强开放交流型空间,为师生的偶发交流、休憩与闲暇阅读提供条件,如图 6-19。此外,随着"第三空间"理念的普及,馆内设咖啡吧、展览区等,也是酌情可考虑的开拓方向。

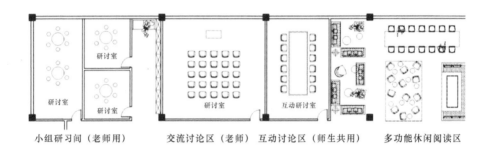

小组研习间(老师用)　　交流讨论区(老师)　互动讨论区(师生共用)　　多功能休闲阅读区

图 6-19　图书馆内研讨型、交流型非正式学习空间

来源:广州市铁一中学。

第二,提高图书馆空间的装饰品质。学校图书馆空间应重视装饰设计,积极打造阅读新场景,推进图书馆的达标化、人文化与智慧化建设,着力增强师生的情感与文化认同,提高空间对师生的吸引力。一方面,空间要体现一定的学段性与教改方向,如小学图书馆宜空间环境富有童趣并能激发学习兴趣,可设大班阅读教学区、席地阅读区等。另一方面,也可结合学校的历史、特色或地域文脉,提炼适宜的空间文韵与设计风格,鼓励学校打造具有文化主题式的图书馆。厦门翔安区 L 小学图书馆,融合区域海洋文化与本校立志文化,馆内整体风格色调确立为海蓝色,并以一条立志大文化飘带寓意师生树立远大志向;馆内功能丰富,设有个别阅读区、小组研讨区、阅读沙龙区、卡座阅读区、大小台阶阅读区、藏书区、自主借阅区和文化展陈区等功能空间,如图 6-20 所示。

图 6-20　厦门翔安区 L 小学图书馆空间

来源：课题组设计。

(二)拓展图书馆外的多类型阅读空间

学校师生的阅读，不仅发生在图书馆，也可以发生在普通教室、公共走廊、架空层甚至户外景观空间。体现强化空间功能和柔化空间界面的设计手法，在学校图书馆外至少还有三种类型的阅读空间。

第一，校园"泛在阅读空间"。结合非正式学习的理念，构建"处处可读、时时能读、人人悦读"的泛在阅读环境，对促进师生形成知识、分享知识、提升素养具有重要作用。首先，要为泛在阅读空间提供场地保障。2020 年 5 月，广州市教育局发布了国内首份《中小学阅读空间建设指南》，按生均标准对不同办学层次学校的泛在阅读空间使用面积提出了明确要求，较大幅度提高了校园泛在阅读空间的配置要求，(见表 6-7)[①]，对全国其他地区学校开展泛在

———————————
① 邵兴江，等.广州市中小学阅读空间建设指南[S].2020-07-16.

阅读空间建设具有重要的参考性。其次,合理设置泛在阅读空间的功能。它是师生可随时随地进行阅读、探究、研讨、交流、视听等活动的场所,类型包括公共阅读区、班级阅读角、阅读文化墙、漂流书架等。可结合每校实际,在校园空间的架空层、楼梯角、走廊的开放区域、普通教室内阅读角空间等区域泛在分布。它的面积大小可依实际情况而灵活确定,布局形式灵活多样,相关范例如图 6-21 所示。

表 6-7 广州市中小学泛在阅读空间生均使用面积标准　　　　单位:m²

类别	小学	初中	九年一贯制	普通高中	完全中学
基准	≥0.3	≥0.3	≥0.3	≥0.2	≥0.2
示范	≥0.5	≥0.5	≥0.5	≥0.3	≥0.3

注:基准指标是学校应达到的下限指标,示范指标是鼓励有条件学校可建设的典范性指标。

图 6-21 学校公共空间典型泛在阅读空间

来源:课题组设计。

第二,智慧阅读空间。伴随大数据、物联网、AI 等技术的发展,具有能提供跨媒介的文献信息资源和智能化阅读服务的新型教育装备不断涌现,包括智能书柜[①]、智慧阅读触屏、朗读亭等,如图 6-22 所示,成为学校日益新增的

---

　　① 智能书柜是提供自助办证、借阅、查询、续借、预约借书等服务的新型图书设备。

智慧阅读空间,为师生提供书籍借阅、可视化阅读、有声阅读等服务。有条件的学校或办学规模较大的学校,引入智慧阅读空间,对于为师生提供更多阅读形式的选择、提高借阅服务的便捷性等具有重要的意义。

图 6-22　学校公共空间中的智能书柜与朗读亭

来源:课题组自摄。

第三,合作型阅读空间。它是积极发挥社会第三方机构的公益性,通过与社区图书馆、有良好口碑声誉的品牌书店等合作,将部分有较好场地条件的区域升级为校园书店,为师生提供阅读、展示、交流、休憩、文化用品选购等服务的场所。2016 年由中宣部、国家发改委、教育部等 11 部门联合印发《关于支持实体书店发展的指导意见》(新广出发〔2016〕46 号),鼓励在中小学校及周边开办实体书店,相关案例见图 6-23。校园书店等合作型阅读空间的选址,一般选择师生到访便捷的校内空间或校园周边,空间场地可实际用于师生阅读与学习的空间占比不宜低于二分之一。

图 6-23　海口美兰区 R 小学内合作型阅读空间

来源：课题组自摄。

第七章

非正式学习空间的
分类设计实例

　　全球学校学习空间建设正在迎接深度变革。更具核心素养导向的育人目标、教与学方式重构与学习空间重构正在同步发生,更课程、更沉浸、更智慧、更文化、更赋能的创新型学习空间成为新一轮学习空间变革的大趋势。

　　学校校园引入非正式学习空间,面向不同的学习主题有不同的建设场景。基于非正式学习空间建设特点与方式的相近性,并为更有序引导不同学校开展具体建设,按空间类别可分为三种非正式学习空间,即科创素养类、人文素养类和综合素养类。其中科创和人文两类,最为全球学术界所关注,也是广大学校开展非正式学习空间建设的重点类型。伴随广大学生素养教育理念的发展,特别是中国对"五育并举"理念的高度重视与全面推广,体现综合素养的非正式学习空间日益重要,并成为建设的重要新兴增长点。

　　本章分别以杭州拱墅区大关中学、宁波象山县塔山中学和杭州萧山区世纪实验小学为例,围绕具体学校非正式学习空间的建设需求,以真实学校的真实空间为例开展真实性应用设计,呈现了不同非正式学习空间的设计理念、设计方法与设计策略的实际应用。所有案例都已建成并投入使用。

第一节　科创素养 STEM 学习中心的设计

当代全球人才培养日益重视拔尖创新人才和跨学科人才[①]，重视高层次创新人才与国家竞争力的重要关系，其中依托 STEM 教育培养科创人才[②]，成为世界主要国家普遍关注的战略重点[③]，并积极在各级教育中加强 STEM 教育。

中国中小学的 STEM 教育还处于起步阶段。STEM 教育起源自 1986 年美国发布的《本科科学、数学和工程教育报告》。2016 年，我国教育部颁布《教育信息化"十三五"规划》，首次明确指出"积极探索信息技术在众创空间、跨学科学习（STEAM 教育）"的应用。STEM 教育在我国学校发展较快，但总体上开展 STEM 教育的办学条件、师资、课程与教学等基础要素仍然较为薄弱。

杭州拱墅区大关中学是一所初级中学，尽管学校的科学教育在区域内具有领先优势，但在 STEM 教育领域如全国绝大部分学校一样也乏善可陈。2014 年学校面临新建新校区的契机，如何在新校区学习空间大力加强 STEM 教育，继而促进学校新一轮创新特色发展，成为新学校建设的重要课题。

[①]　世界经济论坛发布的《2016 年人力资本报告》指出 21 世纪人才需有多维素养，除了读、写、算、信息技能等基础素养外，需要有批判性思维、创造性、沟通与合作能力等 4C 素养，还需要有应对变革环境的好奇心、计划力、专注力、适应力、领导力和多元文化意识等个性素养。

[②]　STEM 教育是关于科学、技术、工程和数学的教育，其中 S 是科学即 science，T 是技术即 technology，E 是工程即 engineering，M 是数学即 mathematics。在当代，科学、技术、工程和数学教育经常被称为 META-discipline，即我们常称的"元学科"。不少学者还提出 STEM 基础上应加 A，包括艺术（art），也包括美（fine）、语言（language）、人文（liberal）等学科，合称 STEAM 或 A-STEM。

[③]　祝智庭，雷云鹤.STEM 教育的国策分析与实践模式[J].电化教育研究，2018(1)：75-85.

一、科创 STEM 学习中心的前策划

大关中学建设 STEM 学习中心是一次富有前瞻性的探索。在 2014 年之前,中国基础教育界对 STEM 教育的研究还比较少见,甚至很多学校对今天已耳熟能详的 STEM 教育术语从未听闻。大关中学确定以 STEM 作为新校区的特色,是基于多方面综合考虑的创新探索。一是深刻认识到 STEM 教育是科教兴国的新突破方向。STEM 教育着眼于复合型创新型人才的培养和劳动力水平的提高,将成为教育兴国的一个重要落脚点。二是 STEM 教育是未来培养拔尖创新人才的重要途径之一。STEM 教育重视学生通过创新的理念与方法,面向真实世界的问题开展真实性学习,有利于培养拔尖创新人才。三是大关中学有良好的科技教育基础。在多年办学过程中,学校科技与信息技术特色尤为突出,其中在航模、海模、机器人等领域多次获得省市重要荣誉。四是坚信 STEM 教育是大关中学办学发展的"蓝海战略"。率先开展 STEM 教育研究与教学实践,有利于学校基于原有特色而形成新的发展制高点,并进一步促进学校的优势特色发展。由此,经多方深入讨论,学校决定成立由外部专家和学校部分师生组成的"STEM 空间设计工作组",并全权负责推动在大关中学新校区建设一个国内中学少有的 STEM 学习中心,如图 7-1 所示。

STEM 学习中心的建设,一定是基于需求而设计的。所设计的 STEM 空间,若缺乏"客户需求"意识,在设计之初不认真做有关需求的调查与分析,未能清晰知晓学校师生的多层次需求,特别是不同 STEM 课程的差异化需求,那么将很难设计出令诸方满意的 STEM 学习中心。

图 7-1 大关中学 STEM 学习中心鸟瞰

来源：课题组顾问设计。

（一）多方法深入了解 STEM 学习中心的建设需求

一所学校开展 STEM 学习中心的规划与设计，应以需求为导向，强调"空间形式追随教育功能"。充分理解设计需求，也是优质设计的前置条件。项目设计工作组采用现场考察、访谈、问卷等多种实态调查法，并结合学校发展规划、课程文本分析等文献调查法，深入了解大关中学师生对 STEM 学习中心的建设需求，旨在获得空间设计需求的"完整信息"。

第一，现场考察感性认知需求。设计工作组赴学校老校区和新校区地块，基于考察提纲和观察表，运用感官观察、辅助工具等进行深入的田野观察，从而获得基于现实情境的第一手资料，并为后续的具体设计提供各类场景信息。观察的重点包括老校区的建筑风貌与文脉，相近学习空间的特色等；新校区地块的基本方位、基础性条件、选择性条件和限制性条件等。

第二，互动访谈研讨需求。设计工作组采用半开放式访谈法，对学校管理团队和部分师生进行了访谈。在访谈过程中,工作组对空间特色方向与具体设计要求进行了多重来回的互动探讨,并运用"追问"和"拓展"的交流技术进一步厘清需求,不至于忽视比较重要的信息,尽可能了解不同利益群体对STEM学习中心的基本认识与需求。

第三,问卷调查量化需求。基于前期现场考察和访谈的认知,设计工作组使用问卷法,面向教师、学生、家长等利益群体,就新校区未来学习空间建设的现状、需求、定位、优先次序等多个方面展开了详细调查,回收有效问卷335份,并对数据进行量化处理,从而获得了大量真实的反馈,为后续STEM学习中心的设计提供了重要依据。

需要说明的是,通过不同渠道获得的设计需求信息,需要设计工作组进行专业化的汇总与分析处理,形成具有设计启示与证据意义的《基本需求分析报告》,并作为后续设计的重要参考资料。

(二)运用 KANO 模型对 STEM 学习中心需求进行分层梳理

对设计需求的了解,不能停留于笼统的需求描述,而应当对需求进行多层次的梳理。大关中学 STEM 学习中心的设计需求分析,引入了日本学者狩野纪昭(Noriaki Kano)的 KANO 模型[①],它对提高学校方案的满意度具有积极意义,能够更好规划 STEM 学习中心。运用 KANO 模型梳理 STEM 学习中心的设计需求,具体可分为必备型需求、期望型需求和魅力型需求三类。

首先,确定必备型需求,它是大关中学 STEM 空间"必须有"的教育功能。如果这个需求没有得到满足或表现欠佳,那么师生的不满情绪会明显表露,未来即便经过改进设计实现了需求的满足,但要让师生对空间有高满意度则

---

① 有关 KANO 模型的理念与原理,详见本书第五章第一节。

十分困难。航模、海模、机器人是大关中学已有一定基础,并与 STEM 教育理念相近的特色校本课程,生态保护、Fablab 是学校拟开展的新型课程(见图 7-2)。为上述特色课程定制化提供相应的 STEM 空间,成为本项目设计的必备型需求。

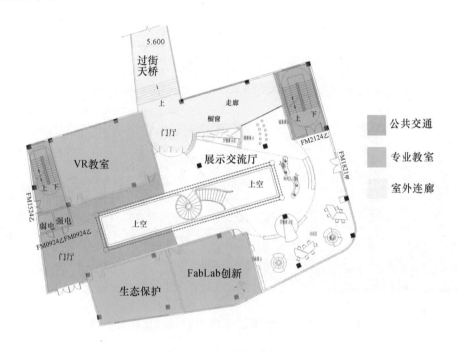

图 7-2　大关中学 STEM 学习中心二层平面图

来源:课题组设计。

其次,引入期望型需求。虽然它不是 STEM 空间必须有的教育功能,并且这些期望型需求可能连学校自己都并不清楚,但是该功能一旦拥有,并被学校了解,则是学校非常希望拥有的,期望型需求是需求的"痒处"。期望型需求与客户满意度呈现线性关系,此类需求提供得越多,学校满意度越呈线性增加。设计工作组为 STEM 学习中心引入了两种新型空间,一个是多元学习空间,它是一个面积近 200m² 的大空间,允许师生结合未来学习需求而灵活改变的多目的学习空间;一个是展示学习廊,是一个师生作品展示与非正式学习相结合的空间(见图 7-2)。

最后,探索魅力型需求。它是大关中学 STEM 空间所具有的"出乎意料"功能,常给学校极大的惊喜。一旦空间设计具有该类特征,则学校会产生极高的设计满意度。设计工作组在大关中学探索了两种魅力型空间,一种是项目化学习空间,有多种面积规格,能为师生基于设计的学习、基于项目的学习提供新型学习场地;另一种是走廊学习街,能为师生随时随地的个别化学习、小组研讨提供学习场地,如图 7-3 所示。

图 7-3 大关中学项目化学习空间和走廊学习街

来源:课题组设计。

通过引入设计需求梳理的 KANO 模型,在设计中尽可能实现"必须有"的基本功能,不断创造期望型功能乃至兴奋型功能,有利于保障 STEM 空间设计的高品质。基于前期各类需求分析,大关中学新校区设计决定建设一个面积近 5000m^2,具有多种类别的 STEM 教育空间,并努力成为全国第一所具有大面积 STEM 学习空间的初中。

二、科创 STEM 学习中心的具体设计

大关中学以"敦本务实,追求卓越"为校训,致力于培养"勤于学习,乐于

合作,勇于担当,敢于超越"的成功学子。STEM 学习中心的设计深入结合学校理念和多层次需求,并运用 PST 设计方法将需求转化为具体的空间设计。

(一)STEM 空间设计深入识别空间的多元学态

经前策划的分析,大关中学 STEM 学习中心有必备型、期望型和魅力型三类需求。在这些需求类型中,蕴含着 STEM 教育三种非常重要的学习形态,即合作性学习、项目式学习和设计型学习,它们是 STEM 学习中心空间设计需要特别加以深入关注的重点。

第一,合作性学习空间。合作性学习是多个学习个体,为达成共同目标而一起建构知识的一种学习方式。[①] 常采用小组形式,通过组内合作将个人和他人学习成果最大化。为此,大关中学合作性学习空间的设计,考虑合作的不同类型,并在空间配置上体现灵活性和便捷性。一是重视可移动的桌椅,根据合作小组人数多变、人员流动性强等特征而开展相应的设计。通过引入带有滚轮的可移动桌椅,有利于小组规模的可变性,有利于空间形态的灵活布局,同时也有利于组内学习、组间交流和教师讲授三种不同教学模式的灵活切换。二是空间中要加强便于展示的多屏配置,一方面为教师配备多屏,有利于教师展示不同的教学内容和学生学习成果;另一方面为学生配备多屏,特别是为每个小组设置组内屏幕,有利于促进组内信息分享与互动交流。

第二,项目化学习空间。基于项目的学习是指导学生对真实世界主题进行深入探究的一种学习方法。项目化学习常常围绕特定探究问题,该问题可能来自物理、化学或生物等具体学科,也可能来自跨学科,例如地下水污染治

---

① 王陆,杨卉.合作学习中的小组结构与活动设计研究[J].电化教育研究,2003(8):34-38.

理。探究者可以是一个人，也可以是多个人。为此，大关中学项目化学习空间的设计，重视空间的灵活性和复合性。一方面是灵活性，尽可能便于功能扩增或重新组合，以满足多种用途。通过多采用模块化设计和隔断设计，以及多采用移动式设备等手法，适当富余空间，大大提高空间布局的灵活性。另一方面是复合性，指功能的多业态叠加，强调一个空间具备发挥多种功能的基础条件，能够围绕具体项目的具体需求，给予良好的支持。

第三，设计型学习空间。设计型学习是通过探究和推理过程，设计出创新的产品、系统或问题解决方案，形成学习成果。[①] 设计型学习具有双重内涵，从外部看是设计与制造的生产过程，从内部看是参与者在实践中学习的教育过程。设计型学习为学生提供了"做中学"的机会，具有培养解决问题的能力、在迭代反思中发展创造性思维、促进认知能力全方位发展等优势。[②] 设计型学习更加接近真实世界的问题解决，对提高学生的高阶素养具有十分重要的价值。为此，大关中学的设计型学习空间设计，重视空间能为学习者提供有效的认知工具，实现交流内容的可视化，包括关注设计技能的演示，所做决定和做这一决定理由的演示，以及关注解释所发生事情的演示。[③] 对于学习者而言，这样的交流是一个头脑风暴的过程，能够实现信息共享与互惠互进，推动学习者之间形成更大的学习共同体。因此，设计型学习的不同阶段对学习空间具有不同的设计要求（见表7-1）。大关中学的设计型学习空间设计，积极对接此类分阶段的设计要求。

---

① Gómez，S. M.，Eijck，M. & Jochems，W. A Sampled Literature Review of Design-Based Learning Approaches: A Search for Key Characteristics[J]. International Journal of Technology and Design Education，2013，23(3)：717-732.
② 曹东云，邱婷. 设计型学习：内涵、价值及应用模式[J]. 课程. 教材. 教法，2017(12)：31-36.
③ 张君瑞. "基于设计的学习"理论与实践探索[D]. 扬州：扬州大学，2011：39.

表 7-1　设计型学习对 STEM 空间的具体要求

学习阶段		演示内容	对学习空间的要求
准备阶段	创设问题情境	· 对问题情境的阐述 · 设计的基本要求	投影仪或电子白板：教师利用网络创设情境
	共情	· 理解设计需求 · 理解设计的外部效应	电子白板或普通白板：展示成员初期的设计想法；理清所需关注的要素，并进行排序
设计阶段	界定	· 设计的框架 · 需关注的各个要素，如待解决的子问题、参考案例、成员分工	
	构思	· 潜在的各种解决方案 · 可能产品的外形与结构特征	普通白板、电子白板或电脑：展示解决方案；对潜在的产品设计进行讨论；绘制草图；模型输出设备
	原型	· 成员的设计想法 · 概念草图 · 粗糙的实体模型	
	测试	· 需要阐述的设计思路 · 外界的反馈意见	电子白板或普通白板：展示设计思路；整理反馈意见
成果交流阶段	成果交流	· 最终的产品 · 外界的评价	投影仪：PPT 的演示 展示区：如展架、展柜，也可以是壁毯或软木板，用来展示作品、海报

（二）运用 PST 方法实现 STEM 教育需求的空间转化

面向 STEM 教育的空间建设，在对需求深入了解和对多种学态空间设计要求把握的基础上，需要在建筑、装饰和景观等多个设计阶段，分阶段将相关设计要求融入具体的空间设计之中。设计工作组全面运用 PST 设计框架[①]，推动大关中学 STEM 学习中心实现设计的各类抽象需求到具体功能的具象转化。

PST 设计方法促进需求的落地。它重视教育学、技术装备两大要素与空

[①]　关于 PST 设计方法，请参见本书第五章第二节。

间设计的互动关系,尤其是强调不同层次教育需求在 STEM 空间设计中的合理表达与体现。同时,PST 的三大要素彼此形成了一个相互支撑、互助的设计循环,通过需求的解决和设计的调整完善,最终实现彼此要求与功能的高水平耦合,确保设计作品达到比较理想的水平。如在大关中学项目化学习空间的设计中,PST 方法很好促进了设计需求的具象设计转化。在设计之初,校方明确认识到学生的学习方式除了班级授课制外,还有"面向问题的学习"和"面向主题的学习",传统教学空间建设几乎对这类小规模的学习空间需求置之不理,很多学校缺乏 30—40m² 左右的学习空间。有鉴于此,该项目规划设计了 8 间多种风格的 35m² 的项目化学习空间,如图 7-4 所示。它是一个以小组合作、交流、展示学习为主的小型学习空间,空间的中间位置设置了两面均可书写的"书写墙"。室内配有方形桌子和可移动的椅子,可以根据讨论需求随时改变座位分布;两块巨大的白板分布在讨论区一侧,提供了信息共享和总结平台,有效提高学生的参与度;展示区用于展示学生创客作品,学生可以在此分享、讲解自己的作品,启发彼此的创新灵感,便于学习小组及时表达观点。学习室四周配置了不少用于存储的学习资料柜,便于有不同学习任务的学习小组可以轮流使用该空间。

图 7-4 大关中学多种风格的项目化学习空间

来源:课题组设计。

可以说,运用 PST 方法对 STEM 学习中心设计具有十分重要的价值。首先,在设计之初和过程之中能够充分"聆听"来自教育学的多样需求,并尽可能将这些需求作为设计的出发点和主要依据,能够最大限度地保障来自学校师生的"教育学"利益,也有利于最大限度地确保设计的"教育目标"达成。其次,形成了一种基于多方面因素综合考虑的"耦合"机制,通过三方多维互动,不仅考虑"教育学"因素,还考虑具体"空间"和"技术"的实际统整,依托"空间"的物理平台,实现教育学和技术装备的有机"嵌入",而不是无序整合。最后,确保了项目的落地性和可操作性,该模型超越了传统学习空间仅为艺术设计的流弊,无缝对接教育和装备,确保了 STEM 空间在施工阶段的可操作性。

三、持续服务学校 STEM 教育的特色建设

大关中学新校区 STEM 学习中心从 2014 年 4 月开始设计,到 2017 年 9 月份建成投入使用,使得该校成了全国初中学校唯一有一整幢 STEM 楼的学校,为师生多种类型的 STEM 学习、研究、交流与展示提供了强有力的学习空间支持。

STEM 教育已经成为大关中学的"强项"。首先,学校的办学特色更为突出。2017 年,浙江省教育厅举办全省第一届 STEM 教育大会,会场选择了刚投入使用的大关中学。建成后 3 年时间,学校先后获得了全国 STEM 教育基地学校、全国首批 STEM 教育领航学校、全国首批 STEM 示范学校等综合性荣誉。其次,学校的 STEM 课程建设硕果累累。平时学习中,初一年级每周有一节 STEM 课,人人参与;初一、初二年级每周五下午有 STEM 社团;每年暑假学生自愿参与中美 STEM 课堂平移项目。学校形成了一大批与 STEM

教育相关的个性化课程。以 STEM《乡情古塔》课程为例,它先后成功入选首批"浙江省信息化'十三五'发展规划"义务教育拓展性网络优质课程精品示范课程、第五届"浙江省义务教育精品课程"、杭州市第六届义务教育精品课程,并在 2018 年荣获全国校本课程设计大赛特等奖。学校在 2017—2019 年期间,连续三年承办"浙江—印州中美中小学课堂平移项目",将美国 STEM 课程原汁原味地"平移"到校内,进行教学和师训双轨并行的国际交流项目。

第二节　人文素养图书馆多元学习中心的设计

伴随基础教育新课改、新高考和教育综合改革的全面深入推进,图书馆在学校教育教学中的地位进一步突出,尤其是当育人目标从"知识为本"向"核心素养为本"转变时,图书馆愈益变得不可或缺。国外的相关研究表明,有效的学校图书馆服务对学生学业表现有正向积极作用,对学生的学习态度、自我认知、理解能力等有积极的帮助。[①] 若要进一步强调图书馆的学术性功能,那么其设计应反映不同学习活动的需求,并创造一个更具学习行为性的空间。[②] 我国日益重视图书馆建设,2018 年教育部印发《中小学图书馆(室)规程》,大力强调重视学校阅读空间建设。

学校图书馆建设仍然面临较大挑战。有研究对全国 6 省份 169 所中小学校开展调研显示,普遍存在馆舍面积达到示范标准的比例偏低、馆舍环境

[①] 于斌斌.国外中小学图书馆对学生学业表现的影响研究综述[J].中国图书馆学报,2013(5):98-108.
[②] Cha,S.H. & Kim,T.W. What Matters for Students' Use of Physical Library Space? [J].The Journal of Academic Librarianship,2015,41(3):274-279.

欠佳、信息化基础薄弱等问题。[①] 大部分中小学图书馆的建设仍停留在传统理念,"藏书+阅览"功能几乎等于图书馆的全部功能。

位于宁波象山县的塔山中学,是一所 2021 年新建成投入使用的初级中学,该校的图书馆同样面临"刚建成,已落伍"的难题。伴随教育改革和技术发展,传统藏阅为主的图书馆正经受挤压和冲击,塔中图书馆的建设也亟待重构建设观念,积极推进融合正式与非正式学习的新型阅读空间建设,探索面向未来的新样态阅读空间。

一、新学校图书馆的老难题

新建的图书馆不能良好满足需求。塔中新校园于 2018 年启动建筑规划设计,一方面由于前期建筑规划对图书馆设计缺乏先进理念的融入,另一方面图书馆装备技术与师生使用模式的变化较快,若按原建筑规划设计的图书馆功能投入使用,那么塔中新图书馆将面临很多老学校图书馆已面临的难题。

第一,图书馆功能相对单一。按塔中图书馆的原建筑设计图,尽管图书馆的使用面积不小,有 960m² ,但是功能模块比较单一,约一半面积规划为常规阅读室,另一半则为藏书室。显然现状空间背后的设计理念,仍是传统图书馆的"重藏"设计定位,并具有一定的阅览功能。在现状阅览区部分,整齐的书架与学习桌椅排列固定,未作进一步的空间功能划分。而藏书区占用较大面积,可供学习者自由交流、小组学习、研究性学习的空间则不够充裕。总体上,原平面布局方案不能很好满足师生多类型的阅读服务需要。

---

① 刘强,等.中小学图书馆(室)建设与使用现状及改善策略——基于全国 169 所中小学校的调研[J].中国教育学刊,2018(2):57-63.

第二,图书馆信息化程度不高。20多年来,信息技术快速发展。文献信息资源的来源不再局限于纸质书籍与报刊,电子阅读资源正加速成为师生获取学习信息的重要渠道之一,在图书馆中的分量与地位与日俱增。已有不少学校积极推进信息技术与阅读空间的深度融合,探索阅读服务的新样态。塔中图书馆的原设计仅预留有网络,对电子阅读、自助借阅、图书信息化管理等均未作深入考虑,因此重新优化塔中图书馆的数字化建设,成为二次设计必要的内容。

第三,馆内阅读环境缺乏吸引力。阅读空间环境欠佳,会降低用户的关注度和黏度,致使图书馆缺乏吸引力。[1] 塔中图书馆原空间也面临同类危机。首先,原建筑设计顶面采用常规石膏板和铝方通组合吊顶,在视觉观感上存在设计语言不统一与风格不协调的问题。其次,墙面为乳胶漆,未做相关装饰设计与声学处理,整体品质一般。最后,地面为普通陶瓷地面砖,行走或桌椅移动易产生噪声。因此,需要进行室内空间的二次装饰设计。

二、以多元学习中心理念引领图书馆的创新设计

面向未来,当代学校的图书馆建设理念正加速从"重藏"向"重用"转变。不仅图书馆的文献载体日益多元化,电子读物、音像资料、网络全文数据库等新型图书资源不断涌现并海量增加;而且图书馆的学习方式已发生深刻变革,基于项目、基于资源、基于网络、探究式等不断出现。[2] 一边是学校图书馆设计理念的迭代升级,一边是新馆面临的"老难题",由此塔中图书馆的新设计提出了建设新型学习中心即"多元学习中心"的理念。

---

① 郑佩翔,邵兴江.促进阅读素养构建的非正式学习空间创新营造[J].上海教育,2022(9):60-62.
② 邵兴江.从重藏到重用:引领未来的中小学图书馆革新设计[J].上海教育,2013(19):66-67.

　　第一,开展主线整体统筹下的一体化设计。方案设计主线理念从传统藏阅图书馆升级为多元学习中心,对空间平面进行了全新规划,设置了多种类别的阅读空间,旨在能深入响应师生的不同非正式学习需求。一是统筹合理布局各类阅读空间,方案积极融合新型图书馆应具有的阅览、借还、典藏、教学、研讨、自学、文创、展陈、休憩等功能要素,设置了多类别阅读区、图书借阅区、文献藏书区、数媒阅读区、阅读教学区、闲暇阅读区、创客风暴区、沉浸式阅读区等功能空间,总平布局见图7-5。二是重视空间融合塔中办学理念,设计汲取"我是塔山一颗石,世界因我而美丽"的"塔山·石"精神,体现"夯实基础、尊重差异、提供选择、个性发展"的课程理念,结合初中学段特点,在空间设计的布局、形体、色彩、造型与文化元素上进行有机融合,打造书香浓郁并具有塔山特色的高品质阅读空间。三是重视空间装饰与设施设备的协调设计,在平面布局阶段便对该空间中可能设计的图书装备、阅读家具等因素进行了提前考虑,并实施一体化统筹。

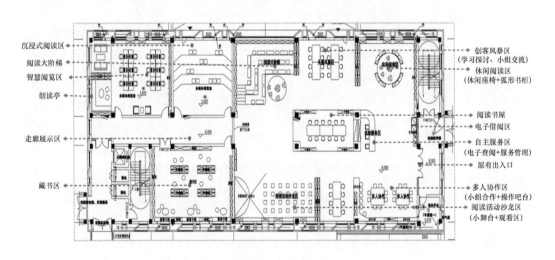

图 7-5　塔中图书馆总平面布局

来源:课题组设计。

　　第二,聚焦师生多种阅读素养建构的非正式学习空间。一是满足开放式的非正式学习。方案大部分阅读空间整体采用开放灵活布局,设置了个别阅读区、多人协作阅读区、小组研讨区和大班阅读教学区等功能区域,绝大部分阅读桌椅具有可移动性,便于未来结合实际使用需要而灵活组合。二是满足资源丰富的非正式学习。为了便于师生更好开展建构式学习,空间的设计深入体现学习环境是支持学生自由探索和自主学习的场所,是学习者在追求学习目标和问题解决的活动中可以使用的多样工具和信息资源,并能促进相互合作和提供场所支持的设计理念。① 方案的阅读资源配置不仅重视精心遴选纸质阅读资源,还提供基于互联网的多媒体阅读资源。三是满足多层次的阅读交流与朋辈互学。塔中图书馆平面丰富的布局,满足了个别化、小组和大组等多个层次的阅读交流需要,并具有良好的沉浸式阅读氛围。位于电梯出口附近的走廊空间具备展示新书佳作、阅读笔记等功能,提供了另一种阅读心得交流的场所。

图 7-6 塔中图书馆的小组与大组阅读空间

来源:课题组设计。

第三,实施多方共同参与图书馆的设计。图书馆的设计,涉及建筑、装饰、装备等多个专业,并主要面向师生提供专业性的阅读服务,由此塔中图书

---

① 毛新勇.建构主义学习环境的设计[J].外国教育资料,1999(1):59-62.

馆在设计过程中重视协同多方专业力量,并实施师生参与式设计的方法。一是重视师生的参与。现代图书馆建设超越传统图书馆的"书本位"设计理念,更为强调"以人为本"。[①] 塔中图书馆的新设计方案,在设计之初、设计过程阶段和定稿阶段都重视"师生为本",多次征求师生代表意见,从多方面需求的系统征询到方案不断优化,旨在通过设计的下沉和深化来积极响应并体现师生的多元需求。在师生的参与下,图书馆同时被命名为"塔山书院"。二是重视多专业的衔接,在设计之初,新方案一方面与前建筑设计团队展开了对接,特别是衔接消防、结构荷载、综合管线等前置条件;另一方面与图书装备专业进行有机衔接,确保阅读空间与自助借阅设备、多媒体阅读设备、基于 RFID 的技术装备之间的功能协调。

三、探索建设面向未来的阅读新场景

塔中图书馆新设计围绕多元学习中心的理念,为师生多目的学习活动提供了富有吸引力的人文空间,成为师生进行阅读、演讲、读书分享会、社团活动、专题研讨会等多种类型精彩校园生活的重要空间。

第一,为师生提供了场景丰富的阅读空间。塔中图书馆设计除了重视不同人数规模的阅读满足外,还从多个角度提高阅读场景的品质。一是重视空间设计的人文性。结合空间条件,利用墙面、柱体和不同形态书柜的围合,设置了多组具有开放性阅读区、半私密性的阅读空间和个别化阅读空间的区域,为师生不同类型的交流和个性化阅读服务提供了支持,如图7-7所示。二是重视空间场景的复合使用。大部分阅读空间可实现灵活二次重组,使得同

---

① 许桂菊.作为场所的图书馆:再思考与展望[J].大学图书馆学报,2014(3):44-49.

一空间具有多种阅读功能。特别是创新引入的"黑盒"阅读空间,是一个在图书馆中的"路演学习空间",功能上由路演舞台和观众席组成,在日常可作为师生阅读的场所,同时可实现学生作品秀、社团活动课、班级大课堂、演讲脱口秀、话剧小剧场等复合功能,如图 7-7 所示。

图 7-7　塔中图书馆半私密阅读、路演空间等多种阅读场景

来源:课题组设计。

　　第二,营建阅读环境典雅怡人的空间场景。空间设计将色彩、灯光、布局、形态等有机整合,体现初中学段的特点,重视动静区搭配,玩与创相结合。塔中图书馆装饰风格设计十分注重阅读的视觉感官体验,采用大气、清新、典雅的风格,积极营造放松、舒适、温馨的阅读环境(见图 7-8)。一方面,重视学习者的色彩心理,通过适宜的照明设置,清新典雅的色彩搭配,营造舒适又充满活力的空间,给予积极的阅读情绪体验。另一方面,重视空间的人文意蕴,例如设计大台阶连接高墙书柜,形成大小台阶的阅读场景,营造"书海有路勤为径"的书香氛围,并提供更为自由多态的阅读场地。

第四,探索数字化工具赋能新型阅读。塔中图书馆积极引入新型数字化阅读装备,推进阅读服务领域的数字化转型。一方面,引入了 12 组多媒体电脑和多台平板电脑,联通高速信息网,不仅可全面对接宁波市智慧教育公共服务平台,而且可开展电子期刊图书、影视音像资料等的学习;单独化的智慧阅览区与附近的阅读研讨卡座相结合,可为师生提供多种形式的混合式学习服务。另一方面,采用智慧图书馆管理系统,塔中图书馆全面采用基于 RFID 技术的智慧图书馆装备,具有以全自助服务形式为师生办理读者办证、图书借阅、图书归还、读者信息查询、馆藏在线查询等多项服务,成为本地首个"指尖上的图书馆",如图 7-9 所示。

图 7-8　塔中图书馆典雅怡人的空间场景

来源:课题组设计。

图 7-9　塔中图书馆的智慧化阅读装备

来源:课题组设计。

第三节　综合素养五育融合学习空间的设计

我国教育从提出"五育并举"到"五育融合"已有百余年的历史。1912 年，蔡元培担任教育总长时即提出以"五育并举"和谐发展来养成"健全人格"的教育主张。[①] 新中国成立后，德、智、体、美、劳全面发展的育人目标逐渐成为共识。2018 年 9 月，全国教育大会强调"培养德智体美劳全面发展的社会主义建设者和接班人"和"努力构建德智体美劳全面培养的教育体系"。2019 年以来，国家先后颁布《关于深化教育教学改革全面提高义务教育质量的意见》《关于全面加强新时代大中小学劳动教育的意见》等文件，深入推进德智体美劳协同融合的全面育人。由此，五育并举全面融合育人成为我国基础教育事业发展的共同目标。

当代基础教育落实"五育并举"，推进"五育融合"育人，尚需多个领域的大量改革。育人的"日常""机制""评价""主体"和"生态"等方面面临不少挑战。[②] "五育"内容常常被分隔，"五育"过程条块分割，亟须聚焦共生型和多元化的课程生态、教学生态、资源协同生态、教育评价生态以及教育治理生态重建等举措。[③] 就学校基本建设而言，大力推进"五育并举"，不仅需要育人理念、课程教学等领域的深度变革，也需要学习空间的同步革新发展，大力"补齐"我国广大学校五育素养空间普遍"稀缺"的短板。

杭州萧山区世纪实验小学（以下称世纪实小），是众多五育素养空间出现

---

① 郭齐家,葛新斌.西学东渐与中国教育目标的近代化[J].教育研究,1997(7):62-66.
② 李政涛,文娟."五育融合"与新时代"教育新体系"的构建[J].中国电化教育,2020(3):7-16.
③ 宁本涛."五育融合"与中国基础教育生态重建[J].中国电化教育,2020(5):1-5.

"短缺"的学校之一。学校位于钱江世纪城利丰路,临近杭州 2022 年亚运会主会场,新校园为 2013 年规划设计,占地面积 39648m²,原设计规模 36 班。随着学区学龄人口持续增加,到 2018 年 9 月实际办学规模已达 48 班,落实五育融合育人的学习空间条件日趋捉襟见肘。

一、五育并举素养空间的稀缺与突破

学校校园德、智、体、美、劳"五育"素养空间的稀缺,虽然不同学校形成的原因与历程各有千秋,但不外乎先天和挪用两大因素,它们是致使此类学习空间稀缺的关键症结。

第一,五育素养空间的先天性建配,存在缺位或不足。一方面,相关标准对此类空间的配置总体要求不高,并常常执行不严。伴随义务教育的广泛普及,近几十年来我国建设了大量的基础教育学校,相关国家规范如《中小学建筑设计规范》(GBJ99—86)、《中小学校设计规范》(GB50099—2011),地方性建设标准如浙江《九年制义务教育普通学校建设标准》(DB33/1018—2005)等指导性文件的颁布,有力保障了我国各级基础教育学校按上述标准开展了达标化配建,但也导致德体美劳等素养空间存在一定程度的低配问题,特别是不少地区对相关建设规范和标准长期存在执行不严的现象,当校园建设场地或建设资金紧张时,此类素养空间往往被"优先"压缩或暂时先不建。另一方面,不少学校办学历史悠久,校园用地往往十分局促。特别是位于城镇核心地段的学校,提高学校办学品质与素养空间配建之间往往存在突出矛盾,很多中大型城市的核心老城区都存在不少 18 班及以上的小学仅有 60 米直跑道的窘况,而环形跑道则更没有建设条件。

第二,后天"挪用挤占"学校原有的五育素养空间。我国基础教育学校的网点布局,原则上依据居住区人口的规模进行合理设置,即依据《城市居住区规划设计标准》(GB50180—2018)和所在地标准如《天津居住区公共服务设施配置标准》(DB/T29—2014),根据"千人比""百户比"等指标进行学位需求预测,并结合可用土地等因素进行学校校网的合理布局,不少城市的规划与教育等部门,往往联合制定有区域教育设施布局的中长期规划。尽管如此,伴随城市化的大幅度推进和城乡基础教育的不均衡发展,大量农村学生"涌入"城市,与此同时义务教育的"学区房"现象热度不减,结果是相当数量的学校面临"生源爆棚"难题,可以说"城市挤"问题已成为不少城市的普遍现象。为满足入学需求,各级学校不得不压缩非必要的教室,将其改用为普通教室,致使面向素养教育的专用空间往往被迫转为普通教室。

需要创新的办法应对五育素养空间的缺乏难题。当学校短期内无法新建或及时归还素养空间时,对既有校园空间开展"内挖潜力"是一种现实可行的弥补方法,也是破解不少中小学校五育素养空间缺乏的可能方向之一。具体而言主要有三种方法:一是闲置空间的改造使用,如利用通风采光良好的架空层、阁楼、半地下室或地下室等;二是校园低频空间功能的二次开发,如利用图书馆、校史室、团队室等场所,进行功能的复合建设;三是既存空间的"错时"使用,实施空间的分时使用策略,如食堂空间、报告厅等。

萧山世纪实小同样面临五育素养空间的短缺问题。伴随可容纳学生数已达设计规模的极限,除按浙江省标准必须保留的功能室外,原预留的备用教室和不常用教学空间,已全部改建为了普通教室,致使服务学生五育素养的特色空间出现了短缺问题,特别是学校的校本特色素养空间。为更有质量落实"五育并举",夯实学校特色化办学的基础设施基石,学校对采光通风良好的半地下室约8300m² 空间进行了以服务学生五育素养为中心,以突出新一代素养空间为定位的创新设计与建设。

二、五育融合的 PAMIL 学习空间创新设计

世纪实小的五育素养空间建设,既要符合素养空间的"本质安全",也要突出本校特色,服务于学生多元素养的卓越发展。由此,需要创新引入前沿的设计理念,推进空间的先进性、实用性、安全性与特色性建设。

第一,空间规划引入"先理念、后课程、再空间"的设计思维,探索多种非正式学习空间。在项目设计之初,扬弃了重美学表现的传统校园空间设计手法,大力重视新型素养空间的教育思想引领,围绕未来学生的素养发展,确立了"先理念、后课程、再空间"的基本规划思路,强调外显校园空间与内蕴文化因素融为一体,多层次、多角度深度融合学校"遇见更美的自己"的办学理念,积极打造体现世纪实小素养课程体系的学习空间,落实"空间更课程,学校更文化"的建设目标。在"五育并举"定位的统领下,形成了"德仪、智益、体弈、美艺、劳创"五大空间模块,各空间融合非正式学习的观念,各司其职又相互融合,致力于在教育 4.0 时代建构一个"知识、技能、体验"三位一体的未来素养空间,使其成为增强学校办学活力的动力之源。基于体育即 physical、美育即 aesthetics、德育即 moral、智育即 intellectual、劳育即 labour 的译文因素,并为体现东西方教育思想的汇通与成为未来"五育融合教育"办学高地的美好愿景,该大型素养空间取名为"帕米尔"即"PAMIL 学习空间",总图布局如图 7-10 所示。

第二,空间设计为学生不同类型的非正式学习提供丰富的选择性。世纪实小非常重视"适性教育"的育人理念,因此,项目的空间设计努力为学生不同教育场景的选择提供可能性,提升育人的个性化与匹配性。一方面,设置体现多种兴趣类型的素养空间。在德智体美劳五大素养空间框架下,结合学

生需求与办学特色,在每个素养空间模块下确立了多种以选修为主的兴趣素养空间,如体弈素养空间设有击剑、跆拳道、柔道、围棋、象棋、器械健身区等多种空间,学生可在此开展时间长短不一、学习形式灵活可变的非正式学习。另一方面,重视空间的可变化与可重构,以提高空间对不同类型非正式学习方式的深度回应。结合场地实际条件与采光通风因素的合理优化,项目不少空间采用活动隔墙的可重构设计手法,如图 7-11 所示,并结合带有滚轮的可重组课桌椅,从而可为 10—45 人不同规模师生的传统教学、分组互学、小组项目化学习等提供了高度灵活的解决方案。

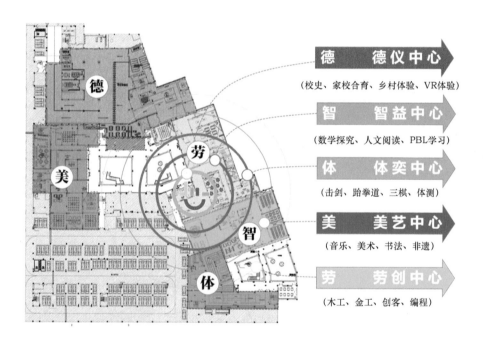

图 7-10　世纪实小 PAMIL 学习空间功能分布

来源:课题组设计。

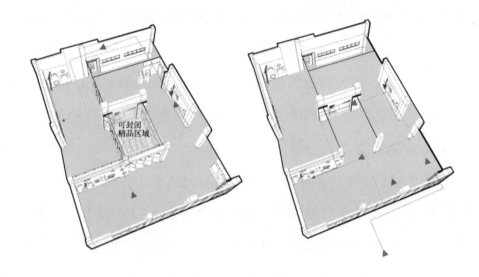

可封闭
精品区域

图 7-11　空间布局可重构的素养学习空间

来源：课题组设计。

　　第二，空间设计为师生学习提供"场景化"的深度体验。学习空间建设重视场景化打造，正在成为学习空间建设的新趋势之一。通过建设育人信息丰富的空间场景，让空间场景成为课程资源的主要载体与学习对象，可给予师生跨越时空的沉浸式学习体验，极大提升师生的"具身认知"深度，并赋予空间"主动育人"功能。世纪实小周边原为钱塘江的滩涂，近 20 年来快速的城市化，使得区域内农垦社会的传统乡村风貌荡然无存。德育空间模块中"沙地农耕馆"的创建，深度挖掘本地历史轨迹中沙土围垦文化的发展脉络，以传承农耕文明、弘扬地域文化为设计导向，打造了具有沉浸式文化体验的农垦体验中心。学校利用家长和社区资源征集了一批具有浓郁地域文化的特色农具，通过实体展出、资料介绍、老房仿建、老路复活和生活劳动场景"复原"等途径，将一处"展示、体验、探究"三位一体的沙地农耕馆"建"在了校园里，营造出"晨兴理荒秽，带月荷锄归"的沉浸式农业体验，如图 7-12。并配合屋顶"校园农场"与农业劳作系列课程、教学庭院中的"养羊课程"，为师生提供了身临其境的沙地文化研学条件,可进行跨越时空的乡土历史文明对话。

第四,空间设计重视整合先进的装备技术。互联网、大数据、VR 和 AI 等技术的创新发展,高性价比智慧装备的快速普及,为新型"五育并举"素养空间打造提供了更智慧、更沉浸、更个性化的可能条件,为进行教与学活动全过程的可采集、可记录与可分析创造了机会,极大提升了学习的智慧化水平。世纪实小的 PAMIL 素养学习空间建设多措并举,大力推进空间的数智化水平,推进学习体验的智慧升级,服务"遇见更美的自己"。一方面,在基础布线方面实现网络全覆盖,为未来各类可能的信息化场景应用预留良好基础条件。另一方面,引入多种智慧化教学装备,如体弈空间引入了数字运动设施,可开展 VR 沉浸运动与体感游戏,并引入学生体能训练动态监测平台,大力推动"大数据"下的精准素养发展。智益中心引入了朗读亭、数媒触屏等智慧阅读装备,为师生提供更数智化的阅读体验。此外,开展大班学习的素养空间,具有线上线下混合学习的功能,并可实现教与学过程的可回溯和大数据化。

图 7-12 "沙地农耕馆"场景化学习空间

来源:课题组设计。

第五,体现五育深度"融合"的有机化学习空间。促进学生德智体美劳全面培养,要体现"五育融合"观,即构建一个有机整体,促进全学科、全方位、全过程育人。[①] 一方面,在物理空间上构建满足不同学习类型的学习空间生态链,在 PAMIL 学习空间的顶层框架之下,重视面向未来五育融合需要的多种学习资源生态、学习方式生态的建构。另一方面,在 PAMIL 学习空间建成投入使用后,进一步深入推进空间与课程的有机融合,重视跨越单个空间的学习主题开发,尤其是每个空间背后相关课程可融合多个"育"。换言之,倡导从完整生命主体的发展需求出发,促进五育各育之间的打通与汇通,依托跨学科课程、领域间融合课程[②]、主题式探究等载体,强化学习的综合性与实践性[③],逐步形成深度体现五育融合理念的有体系和有序次的 PAMIL 课程群。

三、建设富有魅力的育人新场景

服务"五育并举"的素养空间建设,世纪实小通过引入创新的设计理念和空间美学,注重空间造型、陈设搭配、材料选优,并关联光线、色彩、声音和触觉等,结合低能耗透光设计和环境友好型设计策略,积极为师生营造富于启发性和发展性的空间氛围,努力让校园中的每一个生命体拥有更美好的未来。其中学习大街、盒态学习空间、多样态阅读空间等三大非正式学习的新场景尤为富有魅力。

第一,一条串联所有空间的多目的"学习大街"。开放的视野和风景对孩子专注学习有很大的慰藉作用,为此世纪实小引入了一条串联各个五育素养空间的宽敞学习大街,并通过将自然光线与内部空间相结合的一体化设计,形成了开放学习、半开放学习与封闭学习等多种学习方式有机融合的教育新

---

① 冯建军.构建德智体美劳全面培养的教育体系:理据与策略[J].西北师大学报(社会科学版),2020(3):5-14.
② 领域间融合课程重视所开课程的社会导向与生活导向,是指学科＋社会、学科＋生活相关的课程,如食物与农业、沟通与交往等课程。
③ 郝志军,刘晓荷.五育并举视域下的学校课程融合:理据、形态与方式[J].课程.教材.教法,2021(3):4-9.

场景。同时,大胆采用较为明亮的橙色和数学几何图形,有效避免了半地下空间的灰暗感,形成了学习大街整体光彩明亮的效果,如图7-13所示。学习大街飘带式的橙色造型,兼具空间方位的导视功能,并结合师生墙面上平面与立体作品的展陈,赋予学习大街韵律感和轻盈感。此外,它的透明和开放性有利于创造多重可接触和可交流的空间场景,赋予师生更多的互动机会。

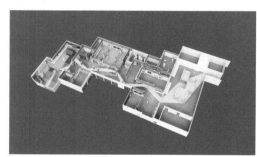

图 7-13　PAMIL 学习空间的"学习大街"场景

来源:课题组设计。

第三,"多样态"的非正式阅读空间新场景。阅读是学生成长的重要方式,建设更富有魅力的新样态阅读空间,对提升师生阅读的获得感与幸福感,更好地服务师生的视野认知、兴趣培养与能力发展,具有十分重要的意义。世纪实小 PAMIL 素养学习空间阅读场景的设计,超越传统阅读空间藏阅为主的功能定位,引入了自主阅读、席地阅读、小组研讨、大班阅读和口才演讲等多种教育场景,如图7-14所示。不仅提升了阅读空间的吸引力,提高了阅读空间的利用率,使 PAMIL 成为校园最具书香美感的空间,同时有助于学生培养更好的阅读习惯。

第四,"盒态"非正式学习空间新场景。PAMIL 素养学习空间的设计,非常重视非正式学习空间对学生能力发展的重要性,努力为师生的各类非正式学习提供可能性。结合中小型场地空间的条件,项目运用穿插的设计手法,在空间中融入了多种"活动的盒子",搭配与学校 logo 相呼应的鲜活色彩,这些盒子兼具沉浸、庇护、隐藏的功能,以及自由、灵活、多变的特征,将科技与童趣完美相融,旨在将课程、学习与空间实现有机结合,如图 7-15 所示。由此,学习不再是单一固定的教学模式,盒态空间可依学习动态替换为不同的展陈内容和学习单元,既能适用于多样化场景,激发孩子的好奇心和愉悦感,又能服务于课程建构与实施,集中孩子的注意力,调动学习积极性与分享性,为学生带来丰富且积极的高质量学习体验。

图 7-14　PAMIL 中心多样态的阅读空间新场景

来源:课题组设计。

图 7-15　"盒态"非正式学习空间新场景

来源:课题组设计。

第八章

走向未来的
非正式学习空间设计

学校的非正式学习空间建设日益受到积极认可。空间建设的规模、类型与形式日趋丰富,建成空间的品质持续提升,成为新时代校园空间高质量发展的重要增长点,在促进师生卓越成长与在校幸福感方面发挥十分重要的作用。

当前,我国学校的非正式学习空间建设已取得明显进展。认识到非正式学习空间是校园"学习空间连续体"的重要组成部分,认识到它是学校高质量办学的重要基础设施。不少学校已经因校制宜,建成了众多富有推广性与示范性的非正式学习空间,同时也面临不少建设短板。面向未来,需要创新非正式学习空间的设计理论,更新完善学校设计类规范与标准,推进教育思想与空间设计的深度融合,积极增加空间数量、拓展空间功能与完善设施配套,着力加强非正式学习空间设计的理念、方法和策略的指引,从而更好提升非正式学习空间的教育性、人文性、安全性、经济性与审美性的品质。

第一,要充分认识学习空间中师生非正式学习发生的认知机制,结合不同非正式学习空间可能发生的学习方式,在建构主义、具身认知、第三空间或偶发学习等理论的指引下,有针对性地开展空间设计。在设计理念与设计原则上,不仅要重视教知识与育文化并举、满足不同的非正式学习形态、体现灵活可变的学习场景、师生为本的人性舒适空间等设计理念,也要体现整体有序、功能适用、安全易达、共同建设等设计原则。

第二，要建立基于非正式学习空间全生命周期的设计方法。着力推动设计从传统经验感性模式向多学科视角的专业理性模式转移，综合协调人、教育、文化、技术、经济、时间、美学、安全等因素，创新引入空间设计的前、中、后的时间周期观，形成前策划、中设计、持续改进和投入使用四阶段的设计理念与实施路径，形成互动指导、反馈与修正的闭环即非正式学习空间设计的PDCA模式，全面保障空间的设计品质。

第三，要革新设计思想形成充分释放空间潜力的多种设计策略。不仅要加强项目化学习空间、路演学习空间、真实性学习空间和混合学习空间等新型非正式学习空间的引入，也要通过既有正式学习空间、景观公共空间、后勤公共空间等场所的兼容拓展，以及通过既有交通厅堂空间、阅读空间等场所非正式学习功能的增效提质等多种策略，多种措施有机组合挖掘潜力，增加学校非正式学习空间的供给能力。

本书相关章节的研究，比较系统地呈现了国内外非正式学习空间设计研究的进展概览，通过较大规模的问卷和现场调研揭示了学校非正式学习空间建设的现状与挑战，并通过个案比较研究指出了非正式学习空间优质设计的方向。从非正式学习空间设计的理论视角、设计方法、设计策略和设计实例等多维角度，从理论与实践相融合的跨学科视角，为学校非正式学习空间的设计提供了新思想与新方法。

为非正式学习空间的设计注入了创新思想。引入了前策划和使用后评估的设计理念，推动空间设计从传统"阶段性设计"转向了基于空间全生命周期的"全过程设计"，为空间设计建立了新的设计流程与设计的PDCA模式，形成了理论与实践双向循环互动的迭代改进机制。引入了跨学科视角认知非正式学习空间，推动空间设计从"单向度"设计转向了"全向度"设计，通过基于证据的设计与 PST 设计等方法，在方法论上实现了建筑、装饰、景观、装备、学校历史、发展愿景、办学特色、课程体系、教学方式、学习与生活品质等各类因素的全面统筹与合理设计。

本书对非正式学习空间的高度认可与重视，并不是要否定正式学习空间，两类空间在学校校园中的关系并非"零和博弈"或"重非轻正"，而是校园"学习空间连续体"中都十分重要的组成部分。不能过度美化非正式学习空间，正如伯曼（Berman，N.）所指出的，很多文献总是过于浪漫化或过度美化非正式学习空间，认为只要体现自由、开放、合作、民主或技术丰富的空间就是好空间。[①] 同时，非正式学习空间也不是正式学习空间的"有力补充"，而是校园学习空间的"半壁江山"。两类空间对师生的卓越发展都具有十分重要的价值，学校面向未来的学习空间建设不可顾此失彼，而应同等对待。

最后需要说明的是，尽管本书主要是面向学校非正式学习空间的设计所提出的相关设计理念、设计原则、设计方法与设计策略等，但它不仅对提升学校非正式学习空间建设的合理性和促进空间创新增值具有重要的价值，对正式学习空间建设与高等教育的非正式学习空间建设，同样具有一定的理论启示与指导意义。

---

① Berman，N. A Critical Examination of Informal Learning Spaces[J]. Higher Education Research & Development，2020，39(1)：127-140.

参考文献

一、期　刊

[1] Arndt，P. A. Design of Learning Spaces：Emotional and Cognitive Effects of Learning Environments in Relation to Child Development [J]. Mind，Brain and Education，2012，6(1)：41-48.

[2] Banning，J. H.，Clemons，S. & Mckelfresh，D. Special Places for Students：Third Place and Restorative Place[J]. College Student Journal，2010，44(4)：906-912.

[3] Beckers，R.，van der Voordt，T. & Dewulf，G. A Conceptual Framework to Identify Spatial Implications of New Ways of Learning in Higher Education[J]. Facilities，2015，33(1)：2-19.

[4] Beckers，R.，Voordt，T. V. & Dewulf，G. Learning Space Preferences of Higher Education Students[J]. Building and Environment，2016，104 (8)：243-252.

[5] Berman, N. A Critical Examination of Informal Learning Spaces[J]. Higher Education Research & Development, 2020, 39(1): 127-140.

[6] Brown, A. L. Design Experiments: Theoretical and Methodological Challenges in Creating Complex Interventions [J]. Journal of the Learning Sciences, 1992, 2(2): 141-178.

[7] Brown, M. B. & Lippincott, J. K. Learning Spaces More Than Meets the Eye[J]. Educause Quarterly, 2003, 15(1): 14-16.

[8] Callanan, M. A., Cervantes, C. & Loomis, M. Informal Learning[J]. Wiley Interdisciplinary Reviews Cognitive Science, 2011, 2 (6): 646-655.

[9] Carvalho, L., Nicholson, T., Yeoman, P., et al. Space Matters: Framing the New Zealand Learning Landscape [J]. Learning Environments Research, 2020, 23: 307-329.

[10] Casanova, D., Huet, I., Garcia, F. M., et al. Role of Technology in the Design of Learning Environments[J]. Learning Environments Research, 2020, 23: 413-427.

[11] Cha, S. H. & Kim, T. W. What Matters for Students' Use of Physical Library Space? [J]. The Journal of Academic Librarianship, 2015, 41 (3): 274-279.

[12] Cox, A. M. Space and Embodiment in Informal Learning[J]. Higher Education, 2018, 75: 1077-1090.

[13] Cox, A. M. Students' Experience of University Space: An Exploratory Study[J]. International Journal of Teaching and Learning in Higher Education, 2011, 23(2): 197-207.

[14] Cross,J. An Informal History of E-Learning[J]. On the Horizon, 2004,12(3):103-110.

[15] Deed,C. & Alterator,S. Informal Learning Spaces and Their Impact on Learning in Higher Education: Framing New Narratives of Participation[J].Journal of Learning Spaces,2017,6(3):54-58.

[16] Denson,C., Lammi,M., Foote White,T., et al. Value of Informal Learning Environments for Students Engaged in Engineering Design [J]. The Journal of Technology Studies,2015,41(1):40-46.

[17] Dovey,K. & Fisher,K. Designing for Adaptation: The School as Socio-spatial Assemblage[J]. The Journal of Architecture,2014,19: 43-63.

[18] Dyck,J.A. The Case for the L-shaped Classroom: Does the Shape of a Classroom Affect the Quality of the Learning That Goes Inside it? [J].Principal,1994,74(2):41-45.

[19] Ellis,R. & Goodyear,P. Models of Learning Space: Integrating Research on Space, Place and Learning in Higher Education[J]. Review of Education,2016,4(2):149-191.

[20] Enos,M.D., Kehrhahn, M.T. & Bell,A. Informal Learning and the Transfer of Learning: How Managers Develop Proficiency[J]. Human Resource Development Quarterly,2003,14(4):369-387.

[21] Finkelstein,A., Ferris,J., Weston,C., et al. Research-informed Principles for (re) Designing Teaching and Learning Spaces[J]. Journal of Learning Spaces,2016,5(1):26-40.

[22] Furjan,H. Design & Research, Notes on a Manifesto[J].Journal of

Architectural Education,2007,61(1):62-68.

[23] Gerber,B. L. , Marek,E. A. & Cavallo,A. M. Development of an Informal Learning Opportunities Assay[J]. International Journal of Science Education,2001,23(6):569-583.

[24] Gislason,N. Architectural Design and the Learning Environment: A Framework for School Design Research[J]. Learning Environments Research,2010,13(4):127-145.

[25] Greeno,J. G. The Stativity of Knowing Learning and Research[J]. American Psychologist,1998(1):5-17.

[26] Gómez, S. M. , Eijck, M. & Jochems, W. A Sampled Literature Review of Design-based Learning Approaches: A Search for Key Characteristics[J]. International Journal of Technology and Design Education,2013,23(3):717-732.

[27] Harris,F. Outdoor Learning Spaces: The Case of Forest School[J]. Area,2018,50(2):222-231.

[28] Harrop, D. & Turpin, B. A Study Exploring Learners' Informal Learning Space Behaviors, Attitudes and Preferences [J]. New Review of Academic Librarianship,2013,19(1):58-77.

[29] Heft,H. Affordances and the Perception of Landscape: An Inquiry Into Environmental Perception[J]. Innovative Approaches,2010(2): 9-32.

[30] Henderson, M. , Selwyn, N. & Aston, R. What Works and Why? Student Perceptions of "Useful" Digital Technology in University Teaching and Learning[J]. Studies in Higher Education,2017,42(8):

1567-1579.

[31] Hurst, M. A., Polinsky, N., Haden, C. A., et al. Lever Aging Research on Informal Learning to Inform Policy on Promoting Early STEM[J]. Social Policy Report,2019,32(3):1-33.

[32] Jamieson, P. The Serious Matter of Informal Learning[J]. Planning for Higher Education,2009,37(2),18-25.

[33] Kangas, M. Creative and Playful Learning: Learning Through Game Co-creation and Games in a Playful Learning Environment [J]. Thinking Skills and Creativity,2010(5):1-15.

[34] King, W. R. IS and the Learning Organization[J]. Information Systems Management,1996,13(3):78-80.

[35] Kokko, A. K. & Hirsto, L. From Physical Spaces to Learning Environments: Processes in Which Physical Spaces are Transformed Into Learning Environments[J]. Learning Environments Research,2020,24:71-85.

[36] Lalli, G. S. School Meal Time and Social Learning in England[J]. Cambridge Journal of Education,2019,50:57-75.

[37] Livingstone, D. W. Exploring the Icebergs of Adult Learning: Findings of the First Canadian Survey of Informal Learning Practices[J]. Canadian Journal for the Study of Adult Education,1999,13:49-72.

[38] Manuti, A., et al. Formal and Informal Learning in the Workplace: A Research Review [J]. International Journal of Training and Development,2015,19(1):1-17.

[39] Marsick, V.J. & Watkins, K. E. Informal and Incidental Learning[J]. New

Directions for Adult and Continuing Education,2001,89:25-34.

[40] Marsick,V.J. , & Watkins,K.E. Introduction to the Special Issue: An Update on Informal and Incidental Learning Theory[J]. New Directions for Adult and Continuing Education,2018,159:9-19.

[41] Martin, L. M. An Emerging Research Framework for Studying Informal Learning and Schools[J]. Science Education,2004,88(1): 71-82.

[42] Matthews,K.E. , Andrews,V. & Adams,P. Social Learning Spaces and Student Engagement [J]. Higher Education Research & Development,2011,30(2):105-120.

[43] Moussa,L.M. The Base of the Iceberg: Informal Learning and its Impact on Formal and Non-formal Learning [J]. International Review of Education,2015,61:717-720.

[44] Mäkelä,T.E. et al. Student Participation in Learning Environment Improvement: Analysis of a Codesign Project in a Finnish Upper Secondary School[J]. Learning Environments Research,2018,21(7): 19-41.

[45] O'Neill,M. Limitless Learning: Creating Adaptable Environments to Support a Changing Campus[J]. Planning for Higher Education,2013 (4):11-27.

[46] Park,K. , Li,H. & Luo,N. Key Issues on Informal Learning in the 21st Century: A Text Mining-Based Literature Review [J]. International Journal of Emerging Technologies in Learning,2021,16(17):4-18.

[47] Peker,E. & Ataöv,A. Exploring the Ways in Which Campus Open

Space Design Influences Students' Learning Experiences [J]. Landscape Research,2019,45(3):310-326.

[48] Preiser,W. F. E. Building Performance Assessment—From POE to BPE, a Personal Perspective[J]. Architectural Science Review,2005, 48(3):201-204.

[49] Raish,V. & Fennewal,J. Embedded Managers in Informal Learning Spaces[J]. Portal Libraries and the Academy,2016,16(4):793-815.

[50] Ramu, V., Taib, N. & Massoomeh, H. M. Informal Academic Learning Space Preferences of Tertiary Education Learners [J]. Journal of Facilities Management,2021,252(11):1-25.

[51] Riddle,M. D. & Souter,K. T. Designing Informal Learning Spaces Using Student Perspectives[J]. Journal of Learning Spaces, 2012, 1 (2):278-282.

[52] Sigurðardóttir,A. K. & Hjartarson,T. School Buildings for the 21st Century. Some Featues of New School Buildings in Iceland [J]. Center for Educational Policy Studies Journal,2011,1(2):25-43.

[53] Tampubolon,A. C. & Kusuma,H. E. Campus' Informal Learning Spaces for Reading Activities and Their Relation to Undergraduates' Responses[J]. Journal of Architecture and Built Environment,2020, 46:117-128.

[54] Vadeboncoeur,J. A. Engaging Young People: Learning in Informal Contexts[J]. Review of Research in Education,2006,30(1):239-278.

[55] Waldock,J. A. et al. The Role of Informal Learning Spaces in Enhancing Student Engagement with Mathematical Sciences [J].

International Journal of Mathematical Education in Science and Technology,2017,48(4):587-602.

[56] Walker,J. D. , Brooks,D. C. & Baepler,P. Pedagogy and Space: Empirical Research on New Learning Environments[J]. Educause Quarterly,2011,34(4).

[57] Wang,F. & Hannafin,M.J. Design-based Research and Technology-enhanced Learning Environments [J]. Educational Technology Research and Development,2005,53(4):5-23.

[58] Watkins,K.E. & Marsick,V.J. Informal and Incidental Learning in the Time of COVID-19 [J]. Advances in Developing Human Resources,2020,23:88-96.

[59] Watson,L. Better Library and Learning Space: Projects,Trends and Ideas[J]. Australian Academic & Research Libraries,2014,45(3): 235-236.

[60] Weisberg,D. S. , Hirsh-pasek,K. & Golinkoff,R. M. Guided Play: Where Curricular GoalsMeet a Playful Pedagogy[J].Mind,Brain and Education,2013,7(2):104-112.

[61] Wu,X. , Kou,Z. , Oldfield,P. , et al. Informal Learning Spaces in Higher Education: Student Preferences and Activities[J].Buildings, 2021,252(11):1-25,252-277.

[62] Zhang,J. , Yuan,R. & Shao,X. Investigating Teacher Learning in Professional Learning Communities in China: A Comparison of Two Primary Schools in Shanghai[J].Teaching and Teacher Education, 2022, 118(7): 51-63.

[63] 曹东云,邱婷.设计型学习:内涵、价值及应用模式[J].课程.教材.教法,2017(12):31-36.

[64] 曹培杰.智慧教育:人工智能时代的教育变革[J].教育研究,2018(8):121-128.

[65] 常晟,欧阳广敏.从教到学:学习空间的教育意涵及其建构路径[J].教育科学,2022(3):60-66.

[66] 陈亮,张渝鑫.基于混合学习的中小学扶贫课程模式探究[J].现代教育技术,2018(7):58-64.

[67] 陈向东,等.从课堂到草坪——校园学习空间连续体的建构[J].中国电化教育,2010(11):1-6.

[68] 陈耀华,等.发展场景式学习促进教育改革研究[J].中国电化教育,2022(3):75-80.

[69] 程彤,汪存友.增强现实技术在非正式学习空间中的应用探讨[J].中国教育信息化,2015(22):83-85.

[70] 代建军,王素云.真实性学习及其实现[J].当代教育科学,2021(12):44-48.

[71] Dugdale,S.非正式学习图景的规划策略[J].住区,2015(2):8-12.

[72] 范文翔,赵瑞斌.具身认知的知识观、学习观与教学观[J].电化教育研究,2020(7):21-27.

[73] 冯建军.构建德智体美劳全面培养的教育体系:理据与策略[J].西北师范大学学报(社会科学版),2020(3):5-14.

[74] 郭齐家,葛新斌.西学东渐与中国教育目标的近代化[J].教育研究,1997(7):62-66.

[75] 韩静,胡绍学.温故而知新——使用后评价方法简介[J].建筑学报,2006

（1）：80-82.

[76] 韩燕清.基于非正式学习空间建构的学校生活变革[J].江苏教育,2021（41）：20-22.

[77] 郝志军,刘晓荷.五育并举视域下的学校课程融合：理据、形态与方式[J].课程.教材.教法,2021（3）：4-9.

[78] 何镜堂,郭卫宏,吴中平.现代教育理念与校园空间形态[J].建筑师,2004（1）：38-45.

[79] 胡智标.增强教学效果,拓展学习空间——增强现实技术在教育中的应用研究[J].远程教育杂志,2014（2）：106-112.

[80] 焦峰.教师非正式学习的特征及环境构建[J].中国教育学刊,2010（2）：84-86.

[81] 李志河,师芳.非正式学习环境下的场馆学习环境设计与构建[J].远程教育杂志,2016（6）：95-102.

[82] 刘徽.真实性问题情境的设计研究[J].全球教育展望,2021（11）：26-44.

[83] 刘强,等.中小学图书馆（室）建设与使用现状及改善策略——基于全国169所中小学校的调研[J].中国教育学刊,2018（2）：57-63.

[84] 刘文利.科学教育的重要途径——非正规学习[J].教育科学,2007（1）：41-44.

[85] 乔爱玲.推进STEM教育的游戏开发竞赛机制研究[J].中国电化教育,2017（10）：70-75.

[86] 冉苒进,王玮.促进非正式学习的校园游憩空间更新设计[J].设计艺术研究,2018（6）：55-61.

[87] Scott-Webber,L.非正式学习场所——常被遗忘但对学生学习非常重要;是时候做新的设计思考![J].住区,2015（2）：28-43.

[88]邵兴江,李鸿昭,陆银芳.形式追随功能:面向 STEM 教育的学习空间设计[J].中国民族教育,2018(1):26-28.

[89]邵兴江,卢洋超.革掉传统黑板的"命"[J].人大复印资料《中小学学校管理》,2012(8):50-51.

[90]邵兴江,张佳.中小学新型学习空间:非正式学习空间的建设维度与方法[J].教育发展研究,2020(10):66-72.

[91]邵兴江,赵中建.为未来建设学校:英国中等学校建筑改革政策分析[J].全球教育展望,2008(11):36-41.

[92]邵兴江.从重藏到重用:引领未来的中小学图书馆革新设计[J].上海教育,2013(19):66-67.

[93]邵兴江.让学习更泛在:大力构筑校园非正式学习空间[J].福建教育,2021(4):1.

[94]邵兴江.是到了革新学校建筑的时候[J].人民教育,2016(9):64-67.

[95]邵兴江.校长空间领导力:亟待提升的重要领导力[J].中小学管理,2016(3):4-6.

[96]王东海.我国校园欺凌的情境预防[J].青少年犯罪问题,2018(2):12-21.

[97]王陆,杨卉.合作学习中的小组结构与活动设计研究[J].电化教育研究,2003(8):34-38.

[98]希列尔,盛强.空间句法的发展现状与未来[J].建筑报,2014(8):60-65.

[99]夏雪梅.素养时代的项目化学习如何设计[J].江苏教育,2019(22):7-11.

[100]夏雪梅.项目化学习:连接儿童学习的当下与未来[J].人民教育,2017(23):58-61.

[101]徐建东,王海燕.网络环境中的信息偶遇与偶发性学习[J].宁波大学学报(教育科学版),2017(3):70-75.

[102]许桂菊.作为场所的图书馆:再思考与展望[J].大学图书馆学报,2014
(3):44-49.

[103]许亚锋,陈卫东,李锦昌.论空间范式的变迁:从教学空间到学习空间
[J].电化教育研究,2015(11):20-25.

[104]闫建璋,孙姗姗.论大学非正式学习空间的创设[J].高等教育研究,
2019(1):81-85.

[105]杨玉宝,谢亮.具身认知:网络学习空间建设与应用的新视角[J].中国
电化教育,2018(2):120-126.

[106]姚训琪.从"书本位"到"人本位":将图书馆升级为新学习中心[J].中小
学管理,2021(4):46-48.

[107]叶浩生.身体与学习:具身认知及其对传统教育观的挑战[J].教育研
究,2015(4):104-114.

[108]于斌斌.国外中小学图书馆对学生学业表现的影响研究综述[J].中国
图书馆学报,2013,(5):98-108.

[109]余胜泉,毛芳.非正式学习——e-Learning 研究与实践的新领域[J].电
化教育研究,2005(10):18-23.

[110]宇晓锋,崔会志.小学教学建筑非正式学习空间设计研究[J].建筑与文
化,2018(4):90-92.

[111]曾李红,高志敏.非正式学习与偶发性学习初探——基于马席克与瓦特
金斯的研究[J].成人教育,2006(3):3-7.

[112]翟丽.质量功能展开技术及其应用综述[J].管理工程学报,2000(1):
52-60.

[113]张宝辉.非正式科学学习研究的最新进展及对我国科学教育的启示
[J].全球教育展望,2010(9):90-92.

[114]张倩,邓小昭.偶遇信息利用研究文献综述[J].图书情报工作,2014(20):138-144.

[115]张艳红,钟大鹏,梁新艳.非正式学习与非正规学习辨析[J].电化教育研究,2012(3):24-28.

[116]张应鹏.空间的非功能性[J].建筑师,2013(5):77-84.

[117]张愚,王建国.再论"空间句法"[J].建筑师,2004(3):33-44.

[118]赵健,金莺莲,汤雪平.非正式学习:学习研究的新空间[J].上海教育,2013(34):68-71.

[119]赵蒙成.职场中非正式的、偶发学习的框架、特征与理论基础[J].职教通讯,2011(5):37-40.

[120]赵瑞军,陈向东.空间转向中的场所感:面向未来的学习空间研究新视角[J].远程教育杂志,2019(5):95-103.

[121]郑佩翔,邵兴江.促进阅读素养构建的非正式学习空间创新营造[J].上海教育,2022(9):60-62.

[122]钟启泉.知识建构与教学创新:社会建构主义知识论及其启示[J].全球教育展望,2006(8):12-14.

[123]朱睿,吴震陵,徐新华.探索综合化教育空间设计[J].建筑与文化,2019(11):95-96.

[124]祝智庭,雷云鹤.STEM 教育的国策分析与实践模式[J].电化教育研究,2018(1):75-85.

二、专　著

[1] Alterator, S. & Deed, C. School Space and Its Occupation:

Conceptualizing and Evaluating Innovative Learning Environments [M]. Boston: Brill Sense,2018.

[2] Birchenough, C. History of Elementary Education in England and Wales from 1800 to the Present Day[M]. London: University Tutorial Press,1914.

[3] Boys, J. Towards Creative Learning Spaces: Re-thinking the Architecture of Post-compulsory Education [M]. New York, NY: Routledge,2010.

[4] Darian,K. & Willis,J. Designing Schools: Space, Place and Pedagogy [M]. New York: Routledge,2016.

[5] Darian-Smith, K. & Willis,J. Designing Schools: Space, Place and Pedagogy[M]. London: Routledge,2016.

[6] Fisher,K. The Translational Design of Schools: An Evidence-Based Approach to Aligning Pedagogy and Learning Environments[M]. Rotterdam: Sense Publishers,2016.

[7] Foster, N. F. & Gibbons, S. Studying Students: The Undergraduate Research Project at theUniversity of Rochester [M]. Chicago: Association of College and Research Libraries,2007.

[8] Hudson,M. & White,T. Planning Learning Spaces: A Practical Guide for Architects, Designers, School Leaders[M]. London: Laurence King Publishing,2019.

[9] Imms, W. & Kvan, T. Teacher Transition into Innovative Learning Environments[M]. Singapore: Springer,2020.

[10] Kangas,M. The School of the Future: Theoretical and Pedagogical

Approaches for Creative and Playful Learning Environments[M].
Rovaniemi：Lapland University Press,2010.

[11] Lewin,K. Principles of Topological Psychology[M]. New York：
McGraw Press,1936.

[12] Marsick，V. J. & Watkins，K. E. Lessons from Informal and
Incidental Learning[M]//Burgoyne,J. & Reynolds,M. Management
Learning：Integrating Perspectives in Theory and Practice. London：
Sage,1997.

[13] Oblinger，D. G. Learning Space [M]. Washington，D. C.：
Educause,2006.

[14] Oldenburg,R. The Great Good Place[M].Saint Paul,MN：Paragon
House,1989.

[15] Painter，S. & Fournier，J. Research on Learning Space Design：
Present State& Future Directions [M]. Los Angeles：Society for
College and University Planning,2013.

[16] Rogers,A. The Base of the Iceberg：Informal Learning and its
Impact on Formal and Non-formal Learning[M]. Toronto：Verlag
Barbara Budrich,2014.

[17] The American Institute of Architects. The Architect's Handbook of
Professional Practice[M].Hoboken：Wiley,2008.

[18] Wells，G.，& Claxton，G. Learning for Life in 21st Century：
Sociocultural Perspectives on the Future of Education[M]. Cambridge，
MA：Wiley-Blackwell,2002.

[19]奥恩.教育的未来:人工智能时代的教育变革[M].李海燕,等,译.北京：

机械工业出版社,2019.

[20]贝尔.非正式环境中的科学学习:人、场所与活动[M].赵健,王茹,译.北京:科学普及出版社,2015.

[21]布兰思福特,等.人是如何学习的[M].程可拉,等,译.上海:华东师范大学出版社,2013.

[22]范梅里恩伯尔,等.综合学习设计[M].盛群力,等,译.福州:福建教育出版社,2015.

[23]哈蒂,耶茨.可见的学习与学习科学[M].彭正梅,等,译.北京:教育科学出版社,2018.

[24]劳森.空间的语言[M].杨青娟,等,译,北京:中国建筑工业出版社,2003.

[25]李葆萍,杨博.未来学校学习空间[M].北京:电子工业出版社,2022.

[26]邵兴江.学校建筑:教育意蕴与文化价值[M].北京:教育科学出版社,2012.

[27]舒尔茨.场所精神:迈向建筑现象学[M].台北:田园城市文化事业公司,1995.

[28]苏尚锋.学校空间论[M].北京:教育科学出版社,2012.

[29]苏笑悦,汤朝晖.适应教育变革的中小学校教学空间设计研究[M].北京:中国建筑工业出版社,2021.

[30]涂慧君.建筑策划学[M].北京:中国建筑工业出版社,2017.

[31]王枬.学校教育时间和空间的价值研究[M].桂林:广西师范大学出版社,2020.

[32]张剑平,等.虚实融合环境下的非正式学习研究[M].杭州:浙江大学出版社,2018.

［33］张宗尧.中小学建筑设计［M］.北京：中国建筑工业出版社,2000.

［34］中国建筑标准设计研究院.《建筑设计防火规范》图示［M］.北京：中国计划出版社,2015.

［35］住房和城乡建设部.建筑设计防火规范（2018 版）［M］.北京：中国建筑工业出版社,2018.

［36］住房和城乡建设部.中小学校设计规范［M］.北京：中国建筑工业出版社,2010.

［37］住房和城乡建设部.中小学校设计规范［M］.北京：中国建筑工业出版社,2011.

［38］庄惟敏,张维,梁思思.建筑策划与后评估［M］.北京：中国建筑工业出版社,2018.

［39］庄惟敏.建筑策划与设计［M］.北京：中国建筑工业出版社,2016.

三、学位论文

［1］ Breanne，K. L. Making Learning：Makerspaces as Learning Environments［D］.Madison：The University of Wisconsin-Madison,2015.

［2］ Gerber,B.L. Relationships Among Informal Learning Environments，Teaching Procedures and Scientific Reasoning Ability［D］.Norman：The University of Oklahoma,1996.

［3］ Herold,G. A. Schoolscapes Learning Between Classrooms ［D］.Winnipeg：University of Manitoba,2012.

［4］ 李东昂.中学校园公共空间营造策略研究［D］.深圳：深圳大学,2017.

［5］ 刘毅.非正式学习视角下的中学教学空间适应性设计策略研究［D］.武

汉:华中科技大学,2020.

[6] 陆蓉蓉.校园非正式学习空间研究[D].上海:华东师范大学,2013.

[7] 桑甜.小学教学建筑非正式学习空间设计研究[D].南京:东南大学,2020.

[8] 孙熙然.走班制模式下高中教学建筑非正式学习空间设计研究[D].沈阳:沈阳建筑大学,2018.

[9] 王锦鹏.公共建筑门厅空间的新发展[D].大连:大连理工大学,2001.

[10] 徐笛.小学非正式学习空间设计策略研究[D].武汉:华中科技大学,2020.

[11] 杨嵘峰.城市高密度下中小学校园非正式学习空间设计研究[D].深圳:深圳大学,2020.

[12] 杨晓平.中小学教师非正式学习研究[D].重庆:西南大学,2014.

[13] 虞路遥.大学图书馆非正式学习空间设计研究[D].上海:华东理工大学,2016.

[14] 张君瑞."基于设计的学习"理论与实践探索[D].扬州:扬州大学,2011.

四、其 他

[1] European Commission. A Memorandum on Lifelong Learning[EB/OL]. [2020-3-5]. https://uil. unesco. org/document/european-communities-memorandum-lifelong-learning-issued-2000.

[2] Lee, N. & Tan, S. A Comprehensive Learning Space Evaluation Model: Final Report 2011[R].Swinburne University,2011.

[3] Lippman, P. C. The L-shaped Classroom: A Pattern for Promoting

Learning［R］．Minneapolis，MN：Design Share，2004．

［4］ Loewenstein，M. & Spletzer，J. R. Formal and Informal Training：Evidence from the NLSY［R］．U. S. Department of Labor，Research in Labor Economics，1999，18：402-438．

［5］ Oliveira，N.，et al. Learning Spaces for Knowledge Generation［EB/OL］．［2019-10-5］．https://drops. dagstuhl. de/opus/volltexte/2012/3522/pdf/15. pdf．

［6］ Radcliffe，D. A Pedagogy-Space-Technology（PST）Framework for Designing and Evaluating Learning Places［C］.//Proceedings of the Next Generation Learning Spaces 2008 Colloquium. Brisbane：The University of Queensland，2009：11-16．

［7］ Radcliffe，D. F. Designing Next Generation Places of Learning：Collaboration at the Pedagogy-Space-Technology Nexus［C］．Brisbane：University of Queensland，2009．

［8］ Sala-Oviedo，A.，Fisher，K. & Marshall，E. The Importance of Linking Pedagogy，Space and Technology to Achieve an Effective Learning Environment for the 21st Century Learner［C］．Barcelona：International Conference on Education and New Learning Technologies，2010：965-975．

［9］ 海南省教育厅.海南省中小学阅读空间建设与管理指南:琼教备〔2022〕1号［S］. 2022-01-20．

［10］ 教育部.2020 年教育统计数据［R］.2021-08-29．

［11］ 教育部.城市普通中小学校校舍建设标准:建标〔2002〕102 号［S］.2022-04-17．

［12］教育部.中小学图书馆(室)规程:教基〔2018〕5 号［S］.2018-05-28.

［13］邵兴江,等.广州市中小学阅读空间建设指南［S］.2020-07-16.

［14］温州市教育局.温州市基础教育学校建设标准实施导则:温教建〔2022〕179 号［A］.2022-12-21.

［15］温州市人民政府办公室.关于基础教育学校建设标准的实施意见:温政办〔2021〕53 号［A］.2021-08-18.

［16］浙江省建设厅.九年制义务学校建设标准(D)B33/1018—2005:建科发〔2005〕58 号［S］.2005-04-01.

［17］中国教育科学研究院未来学校实验室.中国未来学校 2.0:概念框架［R］.北京:中国教育科学研究院,2018-11-10.

［18］住房和城乡建设部.中小学校设计规范［S］.北京:中国建筑工业出版社,2011.

后　记

　　近年来,人们日益重视教育机构的学习空间建设,不论是政府层面的学校设计规范与建设标准,还是具体建设项目的设计理念、投资造价以及对不同空间的功能需求等,都比以往有了十分明显的发展,其中愈发重视非正式学习空间的建设是其中十分显著的重大亮点。

　　在过去数年,我因多方面因素以不同角色,开展了不少学校建设标准研制、专项空间建设指南研制和具体学校建设项目的设计咨询服务等方面的工作。第一类是学校建设标准的研制,从杭州、温州等地方政府的区域性学校建设标准,到中国电建、旭辉控股等大型建筑企业的开发型学校建设标准,再到深度参与浙江省的幼儿园、义务教育学校和普通高级中学三本省域性学校建设标准的研制。第二类是专项空间建设指南的研制,从面向农村教育的《温州市乡村"小而美"学校建设指引》到马云公益基金会的《乡村寄宿制学校建设指南(生活空间部分)》,从广州市发文的《中小学阅读空间建设指南》到海南、广东两省分别发文的《中小学阅读空间建设与管理指南》。第三类是不同类型 K12 学校的设计咨询服务工作,若以第一所完整学段的 K12 学校即北京外国语大学附属苏州湾学校为肇始,深度参与过南京外国语学校方山分校、江阴南菁实验学校、华中师范大学附属赤壁学校、义乌公学、杭州大关实验中学、杭州云谷学校、华东师范大学附属杭州学校、华东师范大学附属温州慧中公学、温州科技高级中学、温州职业中等专业学校、温州第二职业中等专业学校、台州月湖中学、临海大洋小学、开化钱学森学校、青岛礼德小学等诸多学校的教育空间专项设计咨询服务。上述研究与咨询工作的开展，不仅使我有机会可以更为深入认知非正式学习空间，同时有机会可将比较科学且富有价值的设计理念、营造标准等融入相关学校建设标准、空间建设指南或具体学校的建设项目之中，对我而言既有利于促进自我理论认知的发展，也是十分难得的实践应用检验，并对提升我国学校学习空间的品质尽绵薄之力。

本书是对非正式学习空间设计的系统性思考，相关章节系统呈现了国内外非正式学习空间设计研究的进展概览与未来方向。通过大样本的问卷和现场调研揭示了广大学校非正式学习空间建设的现状与挑战，并通过个案比较研究指出了未来非正式学习空间高质量设计的方向。著作试图从非正式学习空间设计的基础理论、设计方法、设计策略和设计实例等多维角度，重视理论与实践的有机融合，旨在可为教育机构非正式学习空间的设计提供全方位支持。

十分希冀本书能为非正式学习空间的设计注入新思想。在方法论上，引入了前策划和使用后评估的设计理念，旨在推动空间设计从传统的"阶段性设计"转向基于空间全生命周期的"全过程设计"，从而为空间设计建立了新的设计流程即 PDCA 设计模式，并形成了理论与实践双向循环互动的迭代改进机制。在视角上，重视从跨学科视角下认知非正式学习空间，推动空间设计从"单向度设计"转向"全向度设计"，通过基于证据的设计与教育导向的 PST 设计等方法，有利于实现建筑、装饰、景观、装备、学校历史、发展愿景、办学特色、课程体系、教学方式、学习与生活品质等各类因素的全面统筹与合理设计。

　　最近数年的学习空间理论研究与实践应用过程中，很多良师益友给予了大力支持，如汤志民、徐士强、汪辉、柴纯青、Boris Srdar、谢忠武、汪继起、项海刚、卢献国、石光泽、尤文亮、单明芳、孙宗超等。在部分章节写作过程中，戴培杰、张佳、郑佩翔、秦舒可、李鸿昭、胡沁沁等提供了不少建议，陈勇、张婧、万全、何香波等人参与了部分空间方案设计。感谢家人陆银芳、邵天泽的理解与支持。本书所用大部分案例由课题组设计或课题组顾问设计。本书虽力求完善，难免或有不合理之处，敬请读者批评指正，联系方式是 cnsxj@163.com。

邵兴江

2022 年 12 月 28 日